信息技术

（基础模块）

李煜果　陈　飞　主编
樊友洪　汪　霞　葛　敏　副主编

人民交通出版社股份有限公司

北　京

内 容 提 要

《信息技术(基础模块)》由重庆交通职业学院信息技术教学团队组织编写,是高职院校各专业学生必修的公共基础课程教材。全书共分六个模块,包括计算机基础认知、操作系统使用、互联网常识及应用、WPS文字处理应用、WPS电子表格应用、WPS演示文稿使用。通过本课程的学习,读者能够掌握计算机操作和应用的基本知识与技能,熟悉互联网常识,熟练应用WPS办公软件完成文档编辑、数据处理、演示文稿制作等工作,满足现代企业办公对计算机应用的实际需要。

图书在版编目(CIP)数据

信息技术:基础模块/李煜果等著.—北京:人民交通出版社股份有限公司,2023.8
ISBN 978-7-114-18686-8

Ⅰ.①信… Ⅱ.①李… Ⅲ.①电子计算机—高等专业学校—教材 Ⅳ.①TP3

中国国家版本馆 CIP 数据核字(2023)第 049312 号

书　　　名:	信息技术(基础模块)
著 作 者:	李煜果　陈　飞
责任编辑:	陈　鹏
责任校对:	孙国靖　卢　弦
责任印制:	刘高彤
出版发行:	人民交通出版社股份有限公司
地　　　址:	(100011)北京市朝阳区安定门外外馆斜街3号
网　　　址:	http://www.ccpcl.com.cn
销售电话:	(010)59757973
总 经 销:	人民交通出版社股份有限公司发行部
经　　　销:	各地新华书店
印　　　刷:	北京武英文博科技有限公司
开　　　本:	787×1092　1/16
印　　　张:	16.5
字　　　数:	375 千
版　　　次:	2023 年 8 月　第 1 版
印　　　次:	2024 年 8 月　第 2 次印刷
书　　　号:	ISBN 978-7-114-18686-8
定　　　价:	45.80 元

(有印刷、装订质量问题的图书,由本公司负责调换)

前言 PREFACE

随着信息技术的不断发展,提升国民信息技术素养,增强个体在信息社会的适应力与创造力,无论对于个人的生活、学习和工作,还是对于全面建设社会主义现代化国家,都具有重大意义。掌握信息技术已成为对当代大学生的基本要求。

《信息技术》课程是高职院校各专业学生必修的一门公共基础课程,具有很强的实践性和应用性,涵盖各个行业从事现代化办公、计算机应用等领域人才所必须具备的基础理论知识和实践技能。本书依据教育部发布的《高等职业教育专科信息技术课程标准(2021版)》要求,结合《WPS办公应用职业技能等级标准》《全国计算机等级考试大纲》的考核内容,由从事信息技术课程教学多年、拥有丰富教学实践经验的团队编写。

本书共分六个模块,包括计算机基础认知、操作系统使用、互联网常识及应用、WPS文字处理应用、WPS电子表格应用、WPS演示文稿应用。通过本课程的学习,读者能够掌握计算机操作和应用的基本知识与技能,熟悉互联网常识,熟练应用WPS办公软件完成文档编辑、数据处理、演示文稿制作等工作,满足现代企业办公对计算机应用的实际需要。

本书由重庆交通职业学院李煜果、陈飞主编,樊友洪、汪霞、葛敏为副主编,由于编者水平有限,本书中不足之处,欢迎各位读者反馈宝贵意见。

信息技术教学团队
2023年7月15日

CONTENTS

目 录

模块一 计算机基础认知 ··· 1
  任务1 了解计算机的发展 ··· 2
    1.1 计算机简史 ·· 2
    1.2 计算机的分类 ·· 5
    1.3 计算机的特点 ·· 5
    1.4 计算机的应用 ·· 6
  任务2 计算机数据表示 ·· 7
    2.1 计算机的数据单位 ·· 7
    2.2 数制及其转换 ·· 7
    2.3 字符编码 ··· 11
  任务3 计算机系统基本结构 ·· 13
    3.1 计算机硬件系统 ··· 14
    3.2 计算机软件系统 ··· 17
  本模块习题 ·· 18

模块二 操作系统使用 ··· 21
  任务1 操作系统基本常识 ·· 22
    1.1 操作系统概述 ··· 22
    1.2 操作系统的功能 ··· 22
    1.3 操作系统的组成 ··· 24
    1.4 操作系统的分类 ··· 24
  任务2 Windows 10 操作系统基本操作 ······························· 25
    2.1 操作系统的启动与退出 ·· 25
    2.2 鼠标的基本操作 ··· 28
    2.3 桌面管理 ··· 29
    2.4 窗口及其操作 ··· 41
    2.5 菜单及其操作 ··· 45
    2.6 对话框及其操作 ··· 46
    2.7 文件资源管理 ··· 49
    2.8 系统资源管理 ··· 67
    2.9 汉字输入方法 ··· 77
  任务3 个性化设置 ··· 82

3.1　实训操作1——系统基本操作 …………………………………………… 82
3.2　实训操作2——文件资源管理 …………………………………………… 85
3.3　实训操作3——系统资源管理 …………………………………………… 88
本模块习题 ……………………………………………………………………………… 89

模块三　互联网常识及应用 ……………………………………………………… 91
任务1　互联网常识 ………………………………………………………………… 92
1.1　计算机网络概述 …………………………………………………………… 92
1.2　因特网(Internet) …………………………………………………………… 96
1.3　TCP/IP协议 ……………………………………………………………… 97
1.4　Internet的连接与测试 …………………………………………………… 98
1.5　Internet提供的服务 ……………………………………………………… 101
任务2　互联网应用 ………………………………………………………………… 102
2.1　浏览器操作 ………………………………………………………………… 102
2.2　文件传输操作 ……………………………………………………………… 107
2.3　电子邮件操作 ……………………………………………………………… 110
任务3　计算机安全 ………………………………………………………………… 114
3.1　计算机病毒的定义、特点与种类 ………………………………………… 114
3.2　计算机病毒的防治 ………………………………………………………… 117
3.3　网络非法入侵的定义和防范 ……………………………………………… 119
3.4　计算机及网络职业道德规范 ……………………………………………… 122
本模块习题 ……………………………………………………………………………… 125

模块四　WPS文字处理应用 …………………………………………………… 127
任务1　WPS文档的创建和编辑 ………………………………………………… 128
1.1　创建与保存文档 …………………………………………………………… 128
1.2　输入文档内容 ……………………………………………………………… 132
1.3　编辑文档内容 ……………………………………………………………… 134
任务2　文档格式排版 ……………………………………………………………… 139
2.1　设置字符格式 ……………………………………………………………… 139
2.2　设置段落格式 ……………………………………………………………… 142
2.3　应用特殊版式 ……………………………………………………………… 147
2.4　页面设置与打印 …………………………………………………………… 150
任务3　美化文档 …………………………………………………………………… 156
3.1　文档中的表格 ……………………………………………………………… 157
3.2　在文档中插入图片 ………………………………………………………… 165
3.3　插入图形 …………………………………………………………………… 170
3.4　自动生成二维码 …………………………………………………………… 174
任务4　编排长文档 ………………………………………………………………… 175

  4.1 制作页眉和页脚 …………………………………………………… 176
  4.2 应用样式编排文档 …………………………………………………… 179
  4.3 制作目录 ……………………………………………………………… 180
  4.4 插入题注、脚注和尾注 ……………………………………………… 182
 本模块习题 ……………………………………………………………………… 183

模块五 WPS 电子表格应用 …………………………………………………… 185

任务1 表格格式设置 ………………………………………………………… 186
  1.1 电子表格的启动与退出 ……………………………………………… 186
  1.2 建立新的工作簿 ……………………………………………………… 190
  1.3 工作表管理 …………………………………………………………… 194
  1.4 工作表的编辑 ………………………………………………………… 198
  1.5 工作表的格式化 ……………………………………………………… 201

任务2 公式、函数应用 ……………………………………………………… 202
  2.1 建立公式 ……………………………………………………………… 202
  2.2 单元格引用和公式的复制 …………………………………………… 203
  2.3 函数 …………………………………………………………………… 203

任务3 图表生成 ……………………………………………………………… 204
  3.1 建立图表 ……………………………………………………………… 205
  3.2 图表编辑 ……………………………………………………………… 206

任务4 数据分析 ……………………………………………………………… 210
  4.1 数据排序 ……………………………………………………………… 211
  4.2 数据筛选 ……………………………………………………………… 213
  4.3 数据分类汇总 ………………………………………………………… 215
  4.4 数据透视表 …………………………………………………………… 217
  4.5 数据透视图 …………………………………………………………… 220

 本模块习题 ……………………………………………………………………… 221

模块六 WPS 演示文稿使用 …………………………………………………… 223

任务1 WPS 演示基础 ………………………………………………………… 224
  1.1 WPS 演示的启动和退出 ……………………………………………… 224
  1.2 WPS 演示的工作界面 ………………………………………………… 224
  1.3 创建、保存演示文稿 ………………………………………………… 227

任务2 幻灯片的基本操作 …………………………………………………… 228
  2.1 选定幻灯片 …………………………………………………………… 228
  2.2 插入/删除和保存幻灯片 …………………………………………… 229
  2.3 改变幻灯片版式 ……………………………………………………… 229

任务3 修饰演示文稿 ………………………………………………………… 230
  3.1 用母版统一幻灯片的外观 …………………………………………… 230

3.2　应用设计模板 ……………………………………………………………… 232
3.3　设置背景 …………………………………………………………………… 233
3.4　添加图形、表格和艺术字 ………………………………………………… 234
3.5　插入多媒体对象 …………………………………………………………… 237
3.6　设置切换效果 ……………………………………………………………… 239
3.7　设置动画效果 ……………………………………………………………… 240
任务4　输出演示文稿 …………………………………………………………… 246
4.1　放映演示文稿 ……………………………………………………………… 247
4.2　打包演示文稿 ……………………………………………………………… 253
4.3　打印演示文稿 ……………………………………………………………… 254
本模块习题 ……………………………………………………………………… 255

模块一

计算机基础认知

任务1　了解计算机的发展

学习目标

了解计算机的发展、类型及其应用领域。

知识点

计算机的诞生、发展，计算机功能、类型，计算机应用领域。

1.1　计算机简史

相传在远古时代"结绳记事"是最早的计算工具，随后出现了算盘、计算尺等简易计算工具；工业革命之后发明了差分机、分析机等机械式计算器。直到半导体的出现，才真正发明了现代意义上的计算机。现在我们所说的计算机，指的是数字式电子计算机。

一般认为，世界上第一台数字式电子计算机诞生于1946年2月，由美国宾夕法尼亚大学研制，全称为Electronic Numerical Integrator and Computer，即电子数字积分计算机，简称ENIAC，如图1-1-1所示。

图1-1-1　世界第一台数字式电子计算机ENIAC

ENIAC占地面积约170m^2，用了大约18000只电子管、1500个继电器、70000只电阻、18000只电容，耗资近49万美元，重约30t。ENIAC的最大特点，就是采用电子元器件代替机械齿轮或电动机械，执行算术运算、逻辑运算和存储信息。因此，同以往的计算机相比，

ENIAC最突出的优点就是速度快。ENIAC每秒能完成5000次加法或300多次乘法,比当时最快的计算工具快1000多倍。ENIAC是世界上第一台能够真正运转的大型电子计算机,它的出现标志着电子计算机时代的到来。

从第一台电子计算机问世以来,计算机技术发展日新月异。通常根据计算机采用的物理部件,将其发展分成如下四个阶段。

1)第一代计算机(1946—1958年)

第一代计算机以1946年ENIAC的研制成功为标志。这个时期的计算机都是建立在电子管基础上,机体笨重而且产生很多热量,容易损坏;存储设备比较落后,最初使用延迟线和静电存储器,容量很小,后来采用磁鼓(磁鼓在读/写臂下旋转,当被访问的存储器单元旋转到读/写臂下时,数据被写入这个单元或从这个单元中读出),有了很大改进;输入设备是读卡机,可以读取穿孔卡片上的孔;输出设备是穿孔卡片机和行式打印机,速度很慢。在这个时代将要结束时,出现了磁带驱动器(磁带是顺序存储设备,也就是说,必须按线性顺序访问磁带上的数据),它比读卡机的速度快得多。

1949年5月,英国剑桥大学莫里斯·威尔克斯(Maurice Wilkes)教授研制了世界上第一台存储程序式计算机EDSAC(Electronic Delay Storage Automatic Computer),它使用机器语言编程,可以存储程序和数据并自动处理数据,存储和处理信息的方法开始发生革命性变化。1953年,IBM(International Business Machine)公司生产了第一台商业化的计算机IBM701,使计算机向商业化迈进。这个时期的计算机非常昂贵,而且不易操作。

2)第二代计算机(1959—1964年)

第二代计算机以1959年美国菲尔克公司研制成功的第一台大型通用晶体管计算机为标志。这个时期的计算机用晶体管取代了电子管,晶体管具有体积小、质量轻、发热少、耗电省、速度快、价格低、寿命长等一系列优点,使计算机的结构与性能都发生了很大改变。

20世纪50年代末,内存储器技术的重大革新是麻省理工学院研制的磁芯存储器,这是一种微小的环形设备,每个磁芯可以存储一位信息,若干个磁芯排成一列,构成存储单元。磁芯存储器稳定而且可靠,成为这个时期存储器的工业标准。这个时期的辅助存储设备出现了磁盘,磁盘上的数据都有位置标识符——地址,磁盘的读/写头可以直接被送到磁盘上的特定位置,因而比磁带的存取速度快得多。

20世纪60年代初,出现了通道和中断装置,解决了主机和外设并行工作的问题。通道和中断的出现在硬件的发展史上是一个飞跃,使得处理器可以从繁忙的控制输入/输出的工作中解脱出来。

这个时期的计算机广泛应用在科学研究、商业和工程应用等领域,典型的计算机有IBM公司生产的IBM7094和CDC公司(Control Data Corporation)生产的CDC1640等。但是,第二代计算机的输入输出设备很慢,无法与主机的计算速度相匹配。这个问题在第三代计算机中得到了解决。

3)第三代计算机(1965—1970年)

第三代计算机以IBM公司研制成功的360系列计算机为标志。在第二代计算机中,晶体管和其他元件都是手工集成在印刷电路板上,第三代计算机的特征是集成电路。所谓集成电路,是将大量的晶体管和电子线路组合在一块硅片上,故又称其为芯片。制造芯片的原材料相当便宜,硅是地壳里含量第二大的常见元素,是海滩沙石的主要成分,因此,采用硅材料的计算机芯片可以廉价地批量生产。

这个时期的内存储器用半导体存储器淘汰了磁芯存储器,使存储容量和存取速度有了大幅度的提高;输入设备出现了键盘,使用户可以直接访问计算机;输出设备出现了显示器,可以向用户提供即时响应。

为了满足中小企业与政府机构日益增多的计算机需求,第三代计算机出现了小型计算机。1965年,DEC公司(Digital Equipment Corporation)推出了第一台商业化的以集成电路为主要器件的小型计算机PDP-8。

4)第四代计算机(1971年至今)

第四代计算机以Intel公司研制的第一代微处理器Intel 4004为标志,这个时期的计算机最为显著的特征是使用了大规模集成电路和超大规模集成电路。所谓微处理器是将CPU(Central Processing Unit,中央处理器)集成在一块芯片上,微处理器的发明使计算机在外观、处理能力、价格以及实用性等方面发生了深刻的变化。

微型计算机的诞生是超大规模集成电路应用的直接结果。微型计算机的"微"主要体现在它的体积小、质量轻、功耗低、价格便宜。1977年,苹果计算机公司成立,先后成功开发了APPLE-Ⅰ型和APPLE-Ⅱ型微型计算机。1980年IBM公司与微软公司合作,为微型计算机IBM PC配置了专门的操作系统。时至今日,微型计算机体积越来越小、性能越来越强、可靠性越来越高、价格越来越低。微处理器和微型计算机的出现不仅深刻地影响着计算机技术本身的发展,更极大地推动了计算机的普及。

1956年,我国在周总理主持制定的《1956—1967年科学技术发展远景规划》中,把计算机列为发展科学技术的重点之一,并在1957年筹建了中国第一个计算技术研究所,由此开始计算机研制工作。

1958年8月,我国成功研制了中国第一台小型电子管数字计算机(103计算机),1959年9月成功研制了中国第一台大型通用电子管数字计算机(104计算机)。这两种电子管计算机的相继推出,为中国解决了大量过去无法计算的经济和国防等领域的难题,填补了中国计算机技术的空白,成为中国计算机事业起步阶段的重要里程碑。

1965年6月,中国科学院成功研制了109乙晶体管大型通用数字计算机,其运算速度达到定点运算9万次/s,浮点运算6万次/s,所用器材全部为国产。与此前研制的电子管计算机相比,不仅运算速度提高,机器的器件损坏率和耗电量均降低很多,计算机的平均连续稳定时间也有延长。

1973年8月,中国研究成功百万次电子数字计算机DJS-11机(即150机),该机每秒可运算100万次,主内存130KB,采用集成电路器件,为中国石油勘探、气象预报、军事研究、科学计算等领域作出了很多贡献。

1983年国防科大研制成功"银河Ⅰ号"巨型计算机,运算速度达1亿次/s。银河-Ⅰ巨型机是中国自行研制的第一台亿次计算机系统。

1993年,国家智能计算机研究开发中心(后成立北京市曙光计算机公司)成功研制曙光一号全对称共享存储多处理机,这是国内首次以基于超大规模集成电路的通用微处理器芯片和标准 UNIX 操作系统设计开发的并行计算机;1997 年,国防科大成功研制银河-Ⅲ百亿次并行巨型计算机系统。

2002 年,曙光公司推出完全自主知识产权的"龙腾"服务器,龙腾服务器采用了"龙芯-1" CPU、曙光公司和中科院计算所联合研发的服务器专用主板和曙光 LINUX 操作系统,该服务器是国内第一台完全实现自有产权的产品,在国防、安全等部门发挥着重大作用。

纵观我国计算机的研制历程,通过科研人员艰苦卓绝的奋斗,我国的研制水平从与国外相差整整一代直至达到国际先进水平。我国自主研发的计算机为国防和科研事业作出了重要贡献,并且推动了计算机产业的发展。与此同时,我国计算机事业的发展呈现出多元化的发展趋势,与国外发达国家基本同步形成了一系列新的学科,这些学科也获得了快速的发展,很多领域在技术研发或产业化上,达到甚至超越了同期国外水平。

随着纳米技术、光技术、量子技术、生物技术的不断发展,光子计算机、生物计算机、量子计算机等新型计算机已经出现,我们可以期待第五代计算机的到来。

1.2 计算机的分类

随着计算机技术的不断发展,计算机种类众多,划分方式也很多。

按处理信号类型不同,可将计算机分为模拟计算机和数字计算机。模拟计算机参与运算的数据用连续量来表示。数字计算机参与运算的数据用离散的数字量来表示。由于数字计算机运算速度快、计算机精度高、应用范围广,目前在普遍使用的计算机是数字计算机。

按使用范围不同,可将计算机分为专用计算机和通用计算机。专用计算机是针对解决特定问题,为某一特定用途而设计的计算机。而通用计算机是解决多种类型问题,可以实现多种用途的计算机。目前在使用的计算机绝大多数都是通用计算机。

按计算机的性能、规模和处理能力,可将计算机分为巨型机、大中型机、小型机、微型机。巨型机又称超级计算机,是指运算速度最高、处理能力最强、存储容量最大的计算机。巨型机最初用于科学和工程复杂计算,现已应用于航天、气象、地质、军事等多个领域。大中型机,因运算速度快、存储量大、通用性强、体积较大,主要应用于金融、商业等大企业。小型机,规模小于大型机,便于操作和维护,性能稳定,价格相对便宜。小型机应用范围很广,包括工业控制、仪器测量、数据采集等。微型机又称个人计算机(Personal Computer,PC),其特点是体积小、质量轻、价格便宜。近 30 多年来,微型计算机得到了迅猛发展,成为计算机中的主流,在各行业中普及应用。

1.3 计算机的特点

计算机能够按照存储在其内部的程序指令对数据进行自动、快速加工处理,并输出人们所需的结果,它有以下特点:

(1)运算速度快。计算机的运算速度是指单位时间内所能执行的指令条数,一般用"百万条指令/s"(MIPS)来描述。随着集成电路技术的不断发展,计算机的运算速度得到快速提高。目前世界上已出现运算速度超过10亿亿次/s的计算机。

(2)运算精度高。数据的运算精度主要取决于计算机的字长,字长越长,运算精度越高。因为在计算机内部是用二进制数进行编码,数的精度主要由二进制码的位数决定,可以通过增加数的二进制位数来提高精度,位数越多精度就越高。

(3)存储能力强大。计算机的存储器可以存储大量的数据,例如文字、图像、声音和视频等各种信息。存储器不但能存储大量的各种信息,而且可以快速、准确地存入和取出这些信息。

(4)逻辑判断能力。计算机还可以根据已知的条件进行判断和分析,自动决定下一步要执行的命令。因此,计算机可以广泛地应用到非数值数据处理领域,如信息检索、图形识别以及各种多媒体应用领域。

(5)通用性强。现代计算机不仅可以用于数值计算,还可以用于数据处理、自动控制、人工智能等方面,具有很强的通用性。

1.4 计算机的应用

随着计算机技术的迅速发展,计算机的应用已深入社会的各个行业,并且与所有学科相结合,在各个领域得到广泛应用。计算机的应用领域大体可归纳为以下几个方面:

(1)科学计算。科学计算也称数值计算,是计算机最早、最重要的应用领域,主要在科学研究和工程设计中,对于复杂的数学计算问题进行高速计算。如卫星轨道计算、天气预测等方面,使用计算机都可以快速、准确地获得计算结果。

(2)数据处理。数据处理又称信息处理,是对在科学研究、生产生活中产生的大量数据进行输入、整理、分类和统计等加工处理。这里处理的数据包括文字、图像、声音等多种形式,利用计算机进行数据处理能帮助人们通过已获取的信息分析出更多有价值的信息。随着数据量的日益庞大,目前比较热门的大数据技术应运而生。

(3)过程控制。过程控制又称实时控制,是用计算机实时对生产过程中采集检测数据,实现对控制对象进行自动控制或自动调节,例如冶炼过程中的计算机控制、飞行器的飞行控制调度等。计算机用于生产过程控制,可以提高劳动生产效率和产品质量,减轻劳动强度。

(4)计算机辅助。计算机辅助主要包括计算机辅助设计(Computer Aided Design,CAD)、计算机辅助制造(Computer Aided Manufacture,CAM)、计算机辅助测试(Computer Aided Test,CAT)、计算机辅助教学(Computer Aided Instruction,CAI)等。

(5)人工智能。人工智能(Artificial Intelligence,AI)是利用计算机来模拟人类的思维,使计算机具有"推理""学习""识别"等功能。目前,人工智能在语音识别、模式识别等方面取得了很大的进展,主要应用于自然语言处理、机器翻译、机器人等方面。

任务 2　计算机数据表示

学习目标

了解计算机的数据单位、数制及其转换。
了解计算机中字符编码规则。

知识点

数据单位(位、字节、字长),二进制、八进制、十六进制数的组成及其转换方式,字符编码。

2.1　计算机的数据单位

计算机执行处理器指令的通用语言,起源于17世纪,形式为二进制数字系统。这个系统由德国哲学家和数学家哥特弗里德·威廉·莱布尼兹发明,它是一种只用两种数字,即数字0和1来表示数值的方法。计算机中的所有信息都用二进制数(即"0"和"1")来表示。

计算机中存储和计算数据时涉及的数据单位包括位、字节、字长。

位(bit)是计算机中数据的最小单位。计算机中的数据都是以二进制形式来表示的,每一个数都是由多个数码(0和1的组合)来表示的,其中每一个数码就是一位,通常用小写字母b表示。

字节(Byte)是计算机中信息组织和存储的基本单位。在对二进制数据进行存储时,以8位二进制数为一个单元存放,称为一个字节,通常用大写字母B表示,1B=8b。此外还有KB(千字节)、MB(兆字节)、GB(吉字节)、TB(太字节)等。

$1KB = 1024B = 2^{10}B$

$1MB = 1024KB = 2^{20}B$

$1GB = 1024MB = 2^{30}B$

$1TB = 1024GB = 2^{40}B$

字长(Word Size)是计算机一次能够同时(并行)处理二进制位数,是衡量计算机性能的主要指标之一,字长越长,计算机的数据处理速度越快。字长通常是字节的整倍数,常用的字长为8位、16位、32位和64位。

2.2　数制及其转换

数制也称计数制,是用一组固定的符号和统一的规则来表示数值的方法。生活中我们最熟悉的是十进制数制,而计算机中最常见的数制有二进制、八进制和十六进制数制,不同数制间可以进行进制转换。

任何一个数制都包含如下基本概念：数码、基数、数位、位数、位权和计数单位。下面以十进制数制为例，介绍数制的相关基本概念。

数码指数制中用于表示基本数值大小的不同数字符号。十进制有 10 个数码，分别为 0,1,2,3,4,5,6,7,8,9。

基数指数制所使用数码的个数。十进制的基数为 10。

数位指一个数中数码所占的位置。例如十进制整数 720，从右至左，0 的数位是个位、2 的数位是十位，7 的数位是百位。

位数指的是数中数位的个数。例如十进制整数 720 有三个数位，所以位数为 3。

位权指的是数制中某一数位上的 1 所表示数值的大小（所处位置的权值）。例如，十进制整数 720，从右至左，0 的位权是 1,2 的位权是 10,5 的位权是 100。

计数单位指的是数值中对位权的称谓。对于十进制整数 720，从右至左，0 的计数单位是个，2 的计数单位是十，7 的计数单位是百。

如果采用 R 个基本符号（例如 $0,1,2,\cdots,R-1$）表示数值，R 表示基数，则称为 R 进制，任意一个 R 进制数 D 都可以展开表示为：

$$(D)_R = \sum_{i=-m}^{n-1} K_i \times R^i \tag{1-2-1}$$

式中：m、n——正整数；

K_i——R 进制中的任意一位数码；

R——该进制的位权。

表 1-2-1 给出了计算机中常用的几种计数制的表示。

常用的几种计数制的表示　　　　　　　　　　　表 1-2-1

进位制	基　数	数　码	位　权	形式表示
二进制	2	0,1	2^1	B
八进制	8	0,1,2,3,4,5,6,7	8^1	O
十进制	10	0,1,2,3,4,5,6,7,8,9	10^1	D
十六进制	16	0,1,2,3,4,5,6,7,8,9,A,B,C,D,E,F	16^1	H

十六进制数的数码除了有 0、1、2、3、4、5、6、7、8、9 数码外，还有六个英文字母数码 A、B、C、D、E、F，分别等于十进制数的 10、11、12、13、14、15。在计算机中，为了区分不同进制数，可以用括号加基数下标的方式来表示不同数制的数，例如，$(456)_{10}$ 表示的是十进制数，$(456)_8$ 表示的是八进制数。也可以用字母下标的方式来表示不同数制的数，例如，$(456)_D$ 表示的是十进制数，$(456)_O$ 表示的是八进制数。在程序设计中，为区分不同进制数，常在数字后直接加字母来表示，如 456D 表示是十进制数。

表 1-2-2 给出了几种常用制数的对应关系表。

常用数制对应关系表　　　　　　　　　　　表 1-2-2

十六进制数	十进制数	八进制数	二进制数
0	0	0	0000
1	1	1	0001

续上表

十六进制数	十 进 制 数	八 进 制 数	二 进 制 数
2	2	2	0010
3	3	3	0011
4	4	4	0100
5	5	5	0101
6	6	6	0110
7	7	7	0111
8	8	10	1000
9	9	11	1001
A	10	12	1010
B	11	13	1011
C	12	14	1100
D	13	15	1101
E	14	16	1110
F	15	17	1111

接下来将具体学习不同数制间的转换方法。

1）其他进制数转十进制数

其他进制数转十进制数，只需要按位权展开求和即可。例如：

$(456)_O = (4 \times 8^2 + 5 \times 8^1 + 6 \times 8^0)_D = (256 + 40 + 6)_D = (302)_D$

$(205)_H = (2 \times 16^2 + 0 \times 16^1 + 5 \times 16^0)_D = (512 + 0 + 5)_D = (517)_D$

$(1010)_B = (1 \times 2^3 + 0 \times 2^2 + 1 \times 2^1 + 0 \times 2^0)_D = (8 + 0 + 2 + 0)_D = (10)_D$

2）十进制数转其他进制数

十进制数转其他进制数，包括整数和小数两部分转换，整数部分采用除 R 取余法（R 表示基数），即将十进制整数不断除以 R 取余数，直到商为 0，余数从右向左排列，即最后一个余数在最左边高位，第一个余数在最右边低位。小数部分采用乘 R 取整法（R 表示基数），即将十进制小数不断乘以 R 取整数，直到小数部分为 0 或达到要求的精度为止（小数部分可能永远不会得到 0），所得的整数从小数点开始由左向右排列，取有效精度，首次取得的整数排在最左。例如：

将十进制数 102.125 转换成二进制数（图 1-2-1）：

转换结果为：$(102.125)_D = (1100110.001)_B$

将十进制数 102.125 转换成八进制数（图 1-2-2）：

转换结果为：$(102.125)_D = (146.1)_O$

3）二、八、十六进制数间的转换

二、八、十六进制数间的转换，可以先将其转换成十进制数，再由十进制数转换成相应进制数。另外，由于二进制和八进制、十六进制存在 $2^3 = 8^1$、$2^4 = 16^1$ 的关系，所以二进制数转八进制数可以将二进制数每 3 位分为 1 组,不足 3 位补 0(整数高位补 0,小数低位补 0)即可。二进制数转十六进制数可以将二进制数每 4 位分为 1 组,不足 4 位补 0(整数高位补 0,小数低位补 0)即可。二进制与八进制、十六进制数之间的对应关系见表 1-2-3。

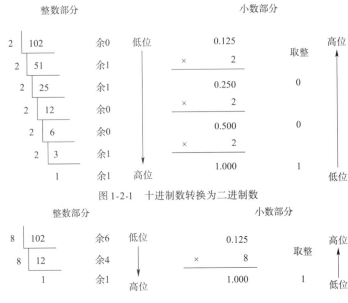

图 1-2-1　十进制数转换为二进制数

图 1-2-2　十进制数转换为八进制数

二进制与八进制、十六进制数之间的对应关系　　　　表 1-2-3

二进制数	八进制数	二进制数	十六进制数	二进制数	十六进制数
000	0	0000	0	1000	8
001	1	0001	1	1001	9
010	2	0010	2	1010	A
011	3	0011	3	1011	B
100	4	0100	4	1100	C
101	5	0101	5	1101	D
110	6	0110	6	1110	E
111	7	0111	7	1111	F

根据这种对应关系,可以快速地将二进制数转换成八进制数或十六进制数,反之亦然。例如:

将二进制数$(11110101.01)_B$转换成八进制数,先将二进制数$(11110101.01)_B$每 3 位分为一组得出$(011\ 110\ 101.010)_B$。

$(011\ 110\ 101.010)_B = (365.2)_O$。

将二进制数$(11110101.01)_B$转换成十六进制数,先将二进制数$(11110101.01)_B$每 4 位分为一组得出$(1111\ 0101.0100)_B$。

$(1111\ 0101.0100)_B = (F5.4)_H$。

八进制转二进制数只需要每 1 位转换成 3 位,十六进制转二进制数只需要每 1 位转换成 4 位即可。例如:

$(23)_O = (\underline{010}\ \underline{011})_B = (10011)_B$

$(23)_H = (\underline{0010}\ \underline{0011})_B = (100011)_B$

2.3 字符编码

计算机既能处理数值数据,也能处理如字符、图像、声音等各种类型的数据。因为计算机只能识别二进制数,所以任何类型的数据都必须通过某种方式进行编码转换为二进制形式后,才能由计算机存储和处理。

字符包括外文字符和中文字符。同样,要计算机识别字符也必须对字符进行二进制编码。由于外文和中文字符形式不同,使用的编码也不同。

2.3.1 外文字符编码

外文字符编码最常用的是 ASCII 码(American Standard Code for Information Interchange,美国信息交换标准代码)。ASCII 码的作用就是给英文字母、数字、标点、字符等转换成计算机能识别的二进制数规定了一个大家都认可并遵守的标准。标准 ASCII 码使用 7 位二进制数(剩下的 1 位二进制为 0)来表示所有的大写和小写字母、数字 0~9、标点符号以及特殊控制字符。

ASCII 码采用七位二进制编码,故可以表示 2^7 即 128 个字符,包括 10 个十进制数(0~9)、52 个英文大写和小写字母(A~Z,a~z)、32 个通用控制字符和 34 个专用字符。它的排列顺序见表 1-2-4,其排列次序为 $b_6b_5b_4$ 为高位行编码,$b_3b_2b_1b_0$ 为低位列编码。

标准七位 ASCII 码表 表 1-2-4

$b_3b_2b_1b_0$	$b_6b_5b_4$							
	000	001	010	011	100	101	110	111
0000	NUL	DLE	SP	0	@	P	`	p
0001	SOH	DC1	!	1	A	Q	a	q
0010	STX	DC2	"	2	B	R	b	r
0011	ETX	DC3	#	3	C	S	c	s
0100	EOT	DC4	$	4	D	T	d	t
0101	ENQ	NAK	%	5	E	U	e	u
0110	ACK	SYN	&	6	F	V	f	v
0111	BEL	ETB	,	7	G	W	g	w
1000	BS	CAN	(	8	H	X	h	x
1001	HT	EM	)	9	I	Y	i	y
1010	LF	SUB	*	:	J	Z	j	z
1011	VT	ESC	+	;	K	[	k	{
1100	FF	FS	`	<	L	\	l	|
1101	CR	GS	-	=	M	]	m	}
1110	SO	RS	.	>	N	↑	n	~
1111	SI	US	/	?	O	↓	o	DEL

从表中可以看出，字符"a"的编码为 1100001，对应十进制数为 97，字符"A"的编码为 1000001，对应十进制数为 65。在计算机中实际是用一个字节（8 位）来表示一个字符，最高为 0。

2.3.2 中文字符（汉字）编码

ASCII 码是英文信息处理的标准编码，汉字信息处理也必须有一个统一的标准编码。我国国家标准总局于 1980 年发布的《信息交换用汉字编码字符集　基本集》（GB 2312—1980），共对 6763 个汉字和 682 个非汉字字符进行了编码，每个汉字的编码占两个字节。

为避开 ASCII 码中的控制符，将这些汉字和符号分成 94 个区（行），每区 94 位（列），由区（行）号和位（列）号共同构成区位码。区位码由 4 位十进制数字组成，前两位为区号，后两位为位号。国标码是一个 4 位的十六进制数，为了与 ASCII 码兼容，避开 ASCII 码中的控制符，汉字输入区位码和国标码之间需要进行转换，要将区号和位号分别加上 32（即十六进制的 20H），就是汉字的国标码。

例如：汉字"中"的区位码为 5448D，转换成十六进制数为 3630H，则汉字"中"的国标码要将区号和位号分别加上 20H，得出结果为 5650H。

为了满足在计算机内部对汉字进行存储、处理的要求，汉字机内码规定在国标码的基础上，每字节的最高位为变为 1 成为机内码，也就是每个字节都加 128（即十六进制的 80H），变换后的国标码称为汉字机内码。例如，"中"的机内码为 D6D0H。汉字机内码是计算机信息系统内部表示汉字的基本形式，是计算机信息系统内部存储、处理、传输汉字所用的代码。

汉字输入码又称外码，是为了将汉字输入计算机而编制的代码，包括音码（例如拼音输入法）、形码（例如五笔输入法）等。

汉字地址码是指汉字字模库（这里主要指整字形的点阵字模库）中存储各汉字字形信息的逻辑地址码。

汉字字形码又称汉字字模，用于汉字在显示屏或打印机输出。汉字字形码通常有两种表示方式：点阵和矢量表示方法。根据汉字输出形式的要求不同，点阵的多少也不同，点阵越大，输出的字形可以更清晰美观。通常简易型汉字为 16×16 点阵，点阵字形码占用存储空间的计算公式为：占用存储空间 = 每行点数×行数/8。例如，16×16 点阵字形码需要占用 32 个字节。

从计算机汉字信息系统内的汉字转换的角度出发，汉字编码主要包括汉字输入码、国标码、机内码、地址码、字形码等，它们之间的转换关系如图 1-2-3 所示。

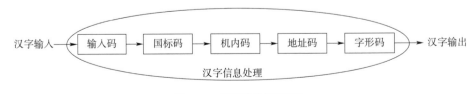

图 1-2-3　汉字信息处理过程

任务3 计算机系统基本结构

学习目标

了解计算机系统的组成。
认识计算机硬件系统。
认识计算机软件系统。

知识点

运算器,控制器,存储器,输入输出设备,总线,软件系统。

计算机系统由计算机硬件和计算机软件构成,计算机硬件是指构成计算机系统的所有物理器件(集成电路、电路板以及其他磁性元件和电子元件等)、部件和设备(控制器、运算器、存储器、输入输出设备等)的集合,计算机软件是指用程序设计语言编写的程序,以及运行程序所需的文档、数据的集合。自计算机诞生之日起,人们探索的重点不仅在于建造运算速度更快、处理能力更强的计算机,而且在于开发能让人们更有效地使用这种计算设备的各种软件。

计算机系统的组成如图1-3-1所示。

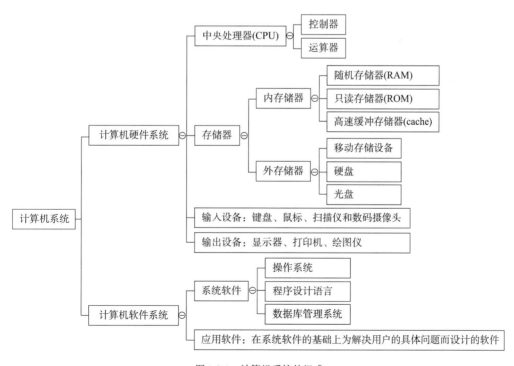

图1-3-1 计算机系统的组成

3.1 计算机硬件系统

1945年6月,普林斯顿大学数学教授冯·诺依曼发表了EDVAC(Electronic Discrete Variable Computer,离散变量自动电子计算机)方案,确立了现代计算机的基本结构,提出计算机应具有运算器、控制器、存储器、输入设备和输出设备五个基本组成成分,描述了这五大部分的功能和相互关系,并提出"采用二进制"和"存储程序"这两个基本思想。迄今为止,大部分计算机仍基本上遵循冯·诺依曼结构。其中,运算器和控制器是计算机的核心部件。这两部分合称中央处理器,简称CPU。

3.1.1 运算器

运算器是计算机处理数据形成信息的加工厂,它的主要功能是对二进制数码进行算术运算或逻辑运算。运算器是衡量整个计算机性能的因素之一,其性能指标包括计算机的字长和运算速度。

(1)字长:指计算机一次能同时处理的二进制数据的位数。

(2)运算速度:通常用每秒所能执行加法指令的条数来表示。常用的单位是百万次/s。

3.1.2 控制器

控制器负责统一控制计算机,指挥计算机的各个部件自动、协调一致地进行工作。计算机的工作过程就是按照控制器的控制信号,自动有序地执行指令。机器指令是一个按照一定格式构成的二进制代码串,用于描述一个计算机可以理解并执行的基本操作。计算机被指令所控制,它只能执行命令。

机器指令通常由操作码和操作数两部分组成。操作码指明指令所要完成操作的性质和功能,操作数指明操作码执行时的操作对象。操作数的形式可以是数据本身,也可以是存放数据的内存单元地址或寄存器名称。

3.1.3 存储器

存储器是计算机系统的记忆设备,可存储程序和数据。存储器主要包含以下几个组成部分:

(1)寄存器:寄存器通常位于CPU内部,用于保存机器指令的操作数,其价格昂贵导致存储空间有限,但由于存取速度非常快,因此它是不可或缺的。

(2)高速缓冲存储器:简称缓存,是存在于内存与CPU之间的一种存储器,容量小但存取速度比内存快得多。缓存有效地解决了内存与CPU之间速度不匹配的问题。

(3)内存储器:简称内存,是主板上的存储部件,用来存储当前正在执行的程序和程序所用数据空间,内存容量小,存取速度快,CPU可以直接访问和处理内存。

内存储器又分为随机存储器(Random Access Memory,RAM)和只读存储器(Read-only

Memory,ROM)。RAM 既可以进行读操作,也可以进行写操作。但在断电后其中的信息全部消失。ROM 中存放的信息只读不写,里面一般存放由计算机制造厂商写入并经固定化处理的系统管理程序。

(4)外存储器:简称外存,其容量一般比较大,而且大部分可以转移,便于在不同计算机之间进行交流。存放在外存的程序必须调入内存才能运行,CPU 不能直接访问外存。计算机常用的外存有硬盘、光盘、U 盘等。外存有速度慢、价格低、容量大等特点。

①硬盘。

目前市面上硬盘分为机械硬盘和固态硬盘。一个机械硬盘(图 1-3-2)包含多个盘片,这些盘片被安排在一个同心轴上,每个盘片分上下两个盘面,每个盘面以圆心为中心,在表面上被分为许多同心圆,称为磁道。磁道最外圈编号为 0,依次向内圈编号逐渐增大。不同盘片相同编号的磁道(半径相同)所组成的圆柱称为柱面,显然柱面数与每盘面被划分的磁道数相等。

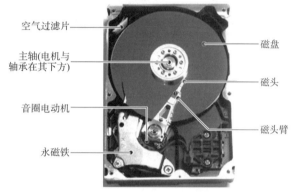

图 1-3-2 机械硬盘内部结构

一个硬盘的容量 = 磁头数(H) × 柱面数(C) × 每磁道扇区数(S) × 每扇区字节数(B)。

固态驱动器(Solid State Disk 或 Solid State Drive,SSD)俗称固态硬盘(图 1-3-3),是用固态电子存储芯片阵列而制成的硬盘。固态硬盘由控制单元和存储单元(闪存芯片;动态随机存取存储器芯片,即 Dynamic Random Access Memory,DRAM 芯片)组成。

图 1-3-3 固态硬盘内部结构

常见的固态硬盘分为三类接口:SATA(Serial Advanced Technology Attachment,串行)接口、M.2(PCI Express M.2 Specification)接口、PCIE(Peripheral Component Interconnect Express,高速串行计算机扩展总线标准)接口。

图 1-3-4　固态硬盘 SATA 接口

SATA 接口（图 1-3-4）的 2.5in[1] 固态硬盘与目前市面上的机械硬盘在接口方面没有区别，都是一个供电接口一个 SATA3.0 数据接口。这种类型的固态硬盘也是固态硬盘诞生初期的形态。

M.2 接口（图 1-3-5）的固态硬盘是近几年各个计算机厂商最喜欢用的一类产品，使用时直接插到主板接口上并用螺钉固定即可。其无论是体积、安装便利程度都要好于传统 2.5in 固态硬盘。

图 1-3-5　固态硬盘 M.2 接口

PCIE 接口（图 1-3-6）的固态硬盘是目前桌面级 SSD 的顶级产品，理论传输速度要比 SATA 接口的固态硬盘高 3~6 倍，性能更加优秀，容量更大，因此价格也更加昂贵。

②光盘。光盘分为两类，一类是只读型光盘，另一类是可记录型光盘。

只读型光盘包括 CD-ROM 和 DVD-ROM 等，它们是用一张母盘压制而成的。上面的数据只能被读取不能被写入或修改。其中 CD-R 是一次性写入光盘，

图 1-3-6　固态硬盘 PCIE 接口

它只能被写入一次，写完后数据便无法再被改写，但可以被多次读取。CD-RW 是可擦写型光盘。

3.1.4　输入/输出设备

（1）输入设备。输入设备是向计算机输入数据和信息的装置，用于向计算机输入原始数据和处理数据的程序。常用的输入设备有键盘、鼠标、触摸屏、摄像头、扫描仪、光笔、手写输入板、游戏杆、语音输入装置，还有脚踏鼠标、手触输入、传感等。

（2）输出设备。输出设备的功能是将各种计算结果数据或信息以数字、字符、图像、声音等形式表示出来。输出设备的种类也很多，常见的有显示器、打印机、绘图仪、影像输出系统、语音输出系统、磁记录设备等。

---

[1]　1in≈2.54cm。

3.2 计算机软件系统

软件系统是为运行、管理和维护计算机而编制的各种程序、数据和文档的总称。软件是计算机的灵魂,没有软件的计算机毫无用处。软件是用户与硬件之间的接口,用户通过软件使用计算机硬件系统。计算机软件系统通常被分为系统软件和应用软件两大类。计算机系统软件能保证计算机按照用户的意愿正常运行,为满足用户使用计算机的各种需求,帮助用户管理计算机和维护资源,执行用户命令、控制系统调度等任务。计算机应用软件是指为特定领域开发并为特定目的服务的一类软件。应用软件是直接面向用户需要的,它们可以直接帮助用户提高工作质量和效率,甚至可以帮助用户解决某些难题。

3.2.1 程序

程序是按照一定顺序执行、能够完成某一任务的指令集合。

程序设计语言包括机器语言、汇编语言和高级语言。

(1)机器语言:直接用二进制代码指令表达的计算机语言。机器语言是唯一能被计算机硬件系统理解和执行的语言,效率高。

(2)汇编语言:相对于机器指令,汇编指令更容易掌握。但计算机无法自动识别和执行汇编语言,必须翻译成机器语言。

(3)高级语言:高级语言是最接近人类自然语言和数学公式的程序设计语言,它基本脱离了硬件系统。用高级语言编写的源程序在计算机中是不能直接执行的,必须翻译成机器语言程序。高级语言通常有两种翻译方式:编译方式和解释方式。

3.2.2 系统软件

(1)操作系统:系统软件中最主要的是操作系统,常用的操作系统有 Windows、Unix、Linux、DOS、MacOS 等。

(2)语言处理系统:主要包括机器语言、汇编语言、高级语言。

(3)数据库管理程序:数据库管理程序是应用最广泛的软件,用来建立、存储、修改和存取数据库中的信息。

3.2.3 应用软件

(1)办公软件:办公软件是日常办公需要的一些软件,常见的办公软件套件包括微软公司的 MS-Office 和金山公司的 WPS。

(2)多媒体处理软件:多媒体处理软件主要包括图形处理软件、图像处理软件、动画制作软件、音视频处理软件、桌面排版软件等。

(3)互联网(Internet)工具软件:基于 Internet 环境的应用软件,如 web 服务软件,web 浏览器,文件传送工具 FTP、远程访问工具 Telnet 等。

本模块习题

1. 个人计算机属于(　　)。
   A. 微型计算机　　B. 小型计算机　　C. 中型计算机　　D. 小巨型计算机
2. CPU 能直接访问的存储器是(　　)。
   A. 优盘　　B. 光盘　　C. 内存　　D. 硬盘
3. 机器指令是由二进制代码表示的,它能被计算机(　　)。
   A. 编译后执行　　B. 解释后执行　　C. 汇编后执行　　D. 直接执行
4. 构成计算机物理实体的部件被称为(　　)。
   A. 计算机系统　　B. 计算机硬件　　C. 计算机软件　　D. 计算机程序
5. 二进制数的运算法则是(　　)。
   A. 除二取余　　B. 乘二取整　　C. 逢二进一　　D. 逢十进一
6. 在计算机中,字节的英文名字是(　　)。
   A. bit　　B. Byte　　C. bou　　D. baud
7. 在计算机内存中,每个存储单元都有一个唯一的编号,称为(　　)。
   A. 编号　　B. 容量　　C. 字节　　D. 地址
8. 汉字系统的汉字字库里存放的是汉字的(　　)。
   A. 国标码　　B. 外码　　C. 字模　　D. 内码
9. 一个完整的计算机系统应该包括(　　)。
   A. 主机、键盘和显示器　　B. 系统软件和应用软件
   C. 运算器、控制器和存储器　　D. 硬件系统和软件系统
10. 通常说的 1KB 是指(　　)。
    A. 1000 个字节　　B. 1024 个字节　　C. 1000 个二进制位　　D. 1024 个二进制位
11. 你认为最能反映计算机主要功能的是(　　)。
    A. 计算机可以代替人的脑力劳动　　B. 计算机可以存储大量星信息
    C. 计算机是一种信息处理机　　D. 计算机可以实现高速度计算
12. 十进制数 58 的二进制形式是(　　)。
    A. 111001　　B. 111010　　C. 000111　　D. 011001
13. 我们通常所说的"裸机"是指(　　)。
    A. 只装备有操作系统的计算机　　B. 不带输入输出设备的计算机
    C. 未装备任何软件的计算机　　D. 计算机主机暴露在外
14. 计算机内存中的只读存储器简称(　　)。
    A. EMS　　B. RAM　　C. XMS　　D. ROM
15. 二进制数 11110010 的补码形式是(　　)。
    A. 二进制　　B. 字符　　C. 十进制　　D. 图形

16. 在计算机系统层次结构图中,操作系统应该处于第( )层。
    A. 1　　　　　　B. 2　　　　　　C. 3　　　　　　D. 4

17. ASCII 码是一种表示( )数据的编码。
    A. 数值　　　　　B. 图片　　　　　C. 字符　　　　　D. 声音

18. 在下列存储器中,存取速度最快的是( )。
    A. 软盘　　　　　B. 光盘　　　　　C. 硬盘　　　　　D. 内存

19. 学校的学籍管理程序属于( )。
    A. 工具软件　　　B. 系统程序　　　C. 应用程序　　　D. 文字处理软件

20. 从用户的角度看,操作系统是( )的接口。
    A. 主机和外设　　B. 计算机和用户　C. 软件和硬件　　D. 源程序和目标程序

模块二

操作系统使用

任务1　操作系统基本常识

学习目标

了解操作系统的基本概念、功能、组成及分类。

知识点

进程管理,存储管理,设备管理,文件管理,作业管理,系统组成,系统分类。

1.1　操作系统概述

操作系统(Operating System,OS)是软件系统的一部分,它是硬件基础上的第一层软件,是硬件和其他软件沟通的桥梁。

操作系统会控制其他程序运行、管理系统资源、提供最基本的计算功能,如管理及配置内存、决定系统资源供需的优先次序等,同时还提供一些基本的服务程序。

1)文件系统

文件系统提供计算机存储信息的结构。信息存储在文件中,文件主要存储在计算机的内部硬盘里,在目录的分层结构中组织文件。文件系统为操作系统提供了组织管理数据的方式。

2)设备驱动程序

设备驱动程序提供连接计算机的每个硬件设备的接口,设备驱动器使程序能够写入设备,而不需要用户了解执行每个硬件的细节。简单来说,就是让你能吃到鸡蛋,但不用养鸡。

3)用户接口

操作系统需要为用户提供一种运行程序和访问文件系统的方法。如常用的 Windows 图形界面,是与操作系统交互的用户接口;智能手机的 Android 或 iOS 系统界面,也是与操作系统交互的用户接口。

4)系统服务程序

当计算机启动时,许多系统服务程序会自启动,执行安装文件系统、启动网络服务、运行预定任务等操作。

1.2　操作系统的功能

从资源管理的角度看,操作系统的功能包括进程管理、存储管理、设备管理、文件管理、作业管理。

1）进程管理

进程是可并发执行且具有独立功能的程序在一个数据集合上的运行过程，它是操作系统进行资源分配和调度的基本单位。进程作为程序独立运行的载体保障程序正常执行，是操作系统结构的基础。进程的存在，使得操作系统资源的利用率大幅提升。

在操作系统中引入进程，是为了实现多个程序的并发执行。传统的程序不能与其他程序并发执行，只有在为之创建进程后，才能与其他程序（进程）并发执行。

这是因为并发执行的程序（即进程）是"停停走走"地执行，只有在为它创建进程后，在它停下时，方能将其现场信息保存在它的 PCB（私有堆栈寄存器）中，待下次被调度执行时，再从 PCB 中恢复 CPU 现场并继续执行，而传统的程序却无法满足上述要求。一种进程界面如图 2-1-1 所示。

图 2-1-1　进程界面

线程是操作系统进行运行调度的最小单位，包含在进程之中，是进程中实际运行工作的单位。一个进程可以并发多个线程，每个线程执行不同的任务。

操作系统将资源分配给各个进程，让进程间可以分享与交换信息，保护每个进程拥有的资源，不会被其他进程抢走，以及使进程间能够同步。为了达到这些要求，操作系统为每个进程分配了一个数据结构,用来描述进程的状态以及进程拥有的资源。操作系统可以通过这个数据结构,来控制每个进程的运行情况。

2)存储管理

计算机的内存中有成千上万个存储单元,都存放着程序和数据。何处存放哪个程序、何处存放哪个数据,都是由操作系统来统一安排与管理的。这是操作系统的存储功能。

3)设备管理

计算机系统中配有各种各样的外部设备。操作系统的设备管理功能采用统一管理模式,自动处理内存和设备间的数据传递,从而减轻用户为这些设备设计输入输出程序的负担。

4)文件管理

计算机系统中的程序或数据都要存放在相应存储介质上。为了便于管理,操作系统将相关的信息集中在一起,称为文件。操作系统的文件管理功能就是负责这些文件的存储、检索、更新、保护和共享。

5)作业管理

作业是指独立的、要求计算机完成的一个任务。作业由程序、数据和作业说明书组成。在批处理系统中,作业是占据内存的基本单位。作业管理是指通过管理让这些作业按照自己所想要的方式来进行工作。作业管理包括联机方式作业和脱机方式作业。联机方式作业是指用户的作业可以通过直接的方式,由用户自己按照作业步骤的顺序操作。脱机方式作业是指通过间接的方式,由用户按预先编写的作业步骤依次执行的说明,一次性交给操作系统,由系统按照说明依次处理。

1.3 操作系统的组成

操作系统由下列四大部分组成:

(1)驱动程序:最底层的、直接控制和监视各类硬件的部分。它们的职责是隐藏硬件的具体细节,并向其他部分提供一个抽象的、通用的接口。

(2)内核:操作系统的内核部分通常运行在最高特权级,负责提供基础性、结构性的功能。

(3)接口库:是一系列特殊的程序库。它们的职责在于把系统所提供的基本服务包装成应用程序所能够使用的编程接口(Application Programming Interface,API)。这是最靠近应用程序的部分。

(4)外围:指操作系统中除以上三类以外的所有其他部分,通常是用于提供特定高级服务的部件。

1.4 操作系统的分类

按照工作方式的不同,操作系统可分为单道批处理系统、多道批处理系统、分时系统、实时系统、网络操作系统等。目前常用的操作系统有 DOS、UNIX、Linux、Windows 等。

(1)单道批处理系统。单道批处理系统又称顺序批处理系统,即该批作业中的每个作业,在其被处理完以前,不会去处理任何其他作业,在运行期间,每次只有一个作业在运行。

(2)多道批处理系统。多道批处理系统利用 CPU 等待时间来运行其他程序,这样就显著地提高了资源的利用率,从而提高了系统的吞吐能力。为了使多道程序能有条不紊地运行,系统中必须增设管理程序,以便把这些资源管理起来,并遵循一定的管理策略把这些资源分配给某些作业。

(3)分时系统。分时系统中有多个终端,用户通过终端与系统联系起来。分时系统建立在多个作业分时与共享、与多个部件并行的基础上。计算机系统由若干个用户共享,但用户彼此并不感觉到有别的用户存在,而好像整个系统都被自己占有,所以分时系统具有多路性、交互性、独占性等特点。

(4)实时系统。实时系统是实时控制系统和实时处理系统的统称,一般来说,实时系统是专用系统,它包含着特定的应用程序,统一实现特定的控制和服务功能。实时系统要及时接收来自现场的数据,及时加以分析处理并及时做出必要的反应。

(5)网络操作系统。网络操作系统是网络用户与计算机网络之间的接口,网络用户可以通过它来请求网络为之提供各种服务。它是建立在主机操作系统基础上,用于管理网络通信和资源共享、协调各主机上任务的运行并向用户提供统一的、有效的网络接口和软件的集合。

当前,在局域网上比较流行的网络操作系统是 Microsoft 公司的 Windows 系列,如 Windows 10、Windows 11、Windows server 2019 等,它们具有网络管理功能,采用客户机/服务器系统模式,为用户提供多操作系统环境。

任务 2　Windows 10 操作系统基本操作

学习目标

了解 Windows 10 操作系统的基本概念和常用术语。
掌握 Windows 10 操作系统的基本操作和应用。

知识点

文件,文件夹,窗口,菜单,对话框,控制面板,输入法。

2.1　操作系统的启动与退出

2.1.1　Windows 10 操作系统的启动

启动 Windows 10 操作系统(以下简称 Win 10)的含义是把 Win 10 的启动程序从硬盘装

入常驻内存,把计算机硬件系统和软件系统交给 Windows 操作系统来控制和管理。

如果计算机已经成功安装了 Win 10,只需按下主机上电源开关,Win 10 即可自动启动。如果计算机上同时安装了多个系统,系统将显示一个操作系统选择菜单,用户可以使用键盘上的上、下方向键来选择 Win 10,然后按【Enter】键。系统正常启动后,屏幕上将显示如图 2-2-1 所示的 Win 10 的登录画面。

图 2-2-1　Win 10 的登录界面

此时,输入与该用户名对应的密码,按【Enter】键即可进入 Win 10 系统,这一过程称为"登录"。

2.1.2　注销与切换 Win 10 用户

Win 10 在多个用户间共享一台计算机比以前更加容易。每个使用该计算机的用户都可以通过个性化设置和私人文件创建独立的密码保护账户。

单击【开始】按钮,在弹出的开始菜单中点击登录的账户名,出现的窗口中有更改账户设置、锁定、注销三个选项,如图 2-2-2 所示。点击【注销】命令后,注销用户操作,回到开始的登录界面。

【切换用户】:在不关闭当前登录用户的情况下切换到另一个用户,用户可以不关闭正在运行的程序,而当再次切换回原来的用户时,系统会保留原来的状态。

【注销】:保存设置并关闭当前登录用户,用户不必重新启动计算机就可以实现多用户登录。

2.1.3　退出 Win 10

使用完 Win 10 后,请注意按正确的操作方法将其正常关闭,否则,可能会丢失计算机中

的某些未保存的文件或正在运行的程序,严重时甚至会影响到下一次开机的正常启动。正常关闭 Win 10 的操作方法是:

(1)保存所有已打开的文件,关闭所有打开的程序和窗口;

(2)单击【开始】按钮,在弹出的菜单中选择【电源】命令,然后在弹出的如图 2-2-3 所示的【关闭计算机】对话框中可选择【睡眠】、【关机】、【重启】,以执行相应的操作。

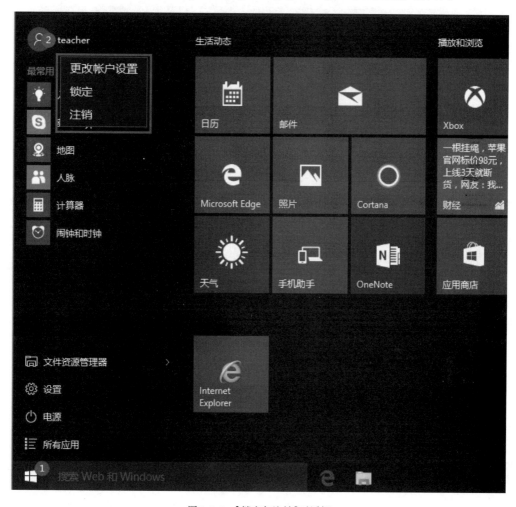

图 2-2-2 【锁定与注销】对话框

【睡眠】:选择此项后,当前处于运行状态的数据保存在内存中,机器只对内存供电,而对硬盘、屏幕和 CPU 等部件则停止供电,计算机进入低功耗状态。当用户要再次使用计算机时,则因主板而异,有些主板通过移动鼠标或碰触键盘即可弹出登录界面,而有些主板则要轻按电源开关键才能弹出登录界面。用户登录后即恢复到原来的工作状态。

【关闭】:选择此项后,系统将关闭所有的应用程序,保存设置退出,并且会自动关闭电源。用户不再使用计算机时选择该项可以安全关机。

【重启】:选择此项后,先关闭系统,然后重新启动计算机。

图 2-2-3　Win 10【关闭计算机】对话框

2.2 鼠标的基本操作

在 Windows 操作系统中,虽然大多数操作仍可以用键盘完成,但是人们主要使用鼠标来完成各种操作,这是 Windows 操作系统的一大特点。鼠标就像是用户在屏幕上的一只手,要熟练使用计算机,就必须先练好这只手。

鼠标控制着屏幕上的一个指针光标( )。当鼠标移动时,指针光标就会随着鼠标的移动在屏幕上移动。鼠标的基本操作有五种,可以实现不同的功能。

(1)指向:移动鼠标,将鼠标指针停留到某一对象上,一般用于激活对象或显示工具的提示信息。

(2)单击:将鼠标指针指向某一对象,然后将鼠标左键按下、松开,用于选择某个对象或某个选项、按钮、菜单命令等。

(3)双击:将鼠标指针指向某一对象,然后连续两次按下鼠标的左键,注意两次动作的时间间隔要短,用于启动程序或打开窗口。

(4)右击:将鼠标指针指向某一对象,然后将鼠标右键按下、松开,通常用于弹出对象常用命令的快捷菜单。

(5)拖动:将鼠标指向某一对象,然后按下鼠标左键不放,并移动鼠标到另一个位置后再释放鼠标左键,一般用于将某个对象从一个位置移动到另一个位置。

要熟练使用鼠标,除掌握正确的操作方法外,准确辨识鼠标指针的形状也非常关键。当用户进行不同的工作或系统处于不同的运行状态时,鼠标指针将会随之变为不同的形状,这一点对于初学者来说,一定要时刻注意和体会。Win 10 为鼠标形状设置了多种方案,用户可以通过控制面板设置或定义自己喜欢的鼠标图案方案,表 2-2-1 列出了默认方案中几种常见的鼠标形状及其含义。

常见鼠标指针形状及其含义　　　　　　　　　表 2-2-1

指针形状	代表的含义
▶	鼠标指针的基本选择形状
⧗	系统正在执行操作,要求用户等待
▶?	选择帮助的对象
I	编辑光标,此时单击鼠标,可以输入文本
✎	手写状态
⊘	禁用标志,表示当前操作不能执行
☝	链接选择,此时单击鼠标,将出现进一步的信息
↕ ↔ ↗ ↖	出现在窗口边框上,此时拖动鼠标可改变窗口大小
✥	此时可拖动鼠标移动对象

2.3　桌面管理

启动计算机进入 Win 10 后,屏幕上显示的操作界面就称之为"桌面",如图 2-2-4 所示。桌面就像办公桌一样非常直观,它是用户和计算机进行交流的窗口,Win 10 的所有操作都可以从桌面开始。

Win 10 的桌面非常简洁,主要包括桌面背景、快捷图标、【开始】按钮和任务栏四部分内容。

屏幕上主体部分显示的图像称为桌面背景,它的主要作用是使屏幕看起来美观。用户可以将自己喜欢的图片设置为桌面背景,也可以去掉桌面背景,保持简洁的桌面风格。

2.3.1　美化 Win 10 桌面

一个美丽的桌面不仅可以体现用户的个性,还可以给人以美的享受。在 Win 10 桌面的空白区域单击鼠标右键,从弹出的快捷菜单中选择【个性化】命令,打开对话框,如图 2-2-5 所示。在这里,用户可以对系统桌面根据个人喜好进行设置和美化。

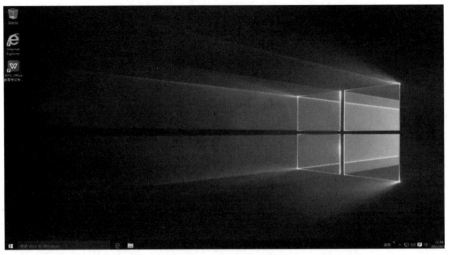

图 2-2-4 Win 10 桌面

图 2-2-5 【个性化】选项

【个性化】对话框中包含五个选项卡：【背景】、【颜色】、【锁屏界面】和【开始】，可分别用来设置显示的不同属性。下面重点介绍常用的两个标签：【背景】、【锁屏界面】。

1) 设置桌面背景

很多用户都不大喜欢 Windows 默认的桌面背景，都希望自己的桌面更漂亮、更有个性。Win 10 为用户提供了很多漂亮的桌面背景，可以从中选择任意一个；如果你对 Win 10 提供的背景都不满意，还可以使用保存在你计算机里的图片，如自己的照片、某个明星的照片或旅游拍摄的风景照等做背景。具体操作步骤如下：

（1）在桌面任意空白处，右击鼠标，在弹出的快捷菜单中选择【个性化】命令，或单击【开始】菜单按钮，选择【设置】命令，在弹出的【设置】对话框中，选择【背景】选项卡。

（2）在【背景】列表框中，单击选中某个背景文件的名字，在上方预览窗口中可以看到背景图片的效果。如果你喜欢该背景，请单击【确定】或【应用】按钮。Win 10 的桌面背景随即变成你刚才选中的图片。

（3）如果对 Win 10 提供的背景都不满意，请单击【浏览】按钮。

（4）从"图片"文件夹或其他文件夹中选择想要作为桌面背景的图片文件，单击【选择图片】，返回【设置】选项卡。

（5）单击【选择契合度】下拉列表框右边的下拉按钮，选择图片的放置方式，包括"填充""适应""居中""平铺""跨区"和"拉伸"。"居中"表示在桌面上只显示一幅图片并保持它的原始尺寸大小，图片处于桌面的正中间；"平铺"表示以这幅图片为单元，一张一张拼接起来平铺到桌面上。"拉伸"表示在桌面上只显示一张图片并将它拉伸成与桌面尺寸一样的大小。可以在预览区看到每一种选择的效果。

2）设置【锁屏界面】

设置锁屏界面的步骤如下：

（1）在【个性化】对话框中单击【锁屏界面】选项卡。

（2）单击【背景】下拉列表的下拉按钮，从中选择图片还是幻灯片，如图 2-2-6 所示。

（3）在下面的选项中选择一张图片或者为幻灯片放映选择一个相册。

图 2-2-6　锁屏界面

3）设置屏幕保护程序

对于显示器来说，如果在工作过程中屏幕内容长期不变，将会降低显示器的寿命，并可能会造成屏幕的损伤。因此，当人们长时间内不用计算机时，应该让计算机显示较暗或活动的画面。屏幕保护程序正是因此而设计的。只要设置了屏幕保护，一旦在指定时间内计算机没有接到指令（键盘或鼠标输入），系统就会启动屏幕保护程序。按键盘上的任何一个键或移动一下鼠标，即可结束屏幕保护程序，屏幕恢复到"屏幕保护"前的桌面状态。

4）调整屏幕分辨率和显示质量

屏幕分辨率是指屏幕的水平和垂直方向最多能显示像素点数，用水平显示的像素数乘以垂直扫描线数来表示。常见的屏幕分辨率有 800×600、1024×768、1280×1024、1400×900 等几种。分辨率越高，在屏幕中显示的内容就越多，所显示的对象就越小；反之，分辨率越低，显示的内容就越少，所显示的对象就越大。显示质量主要是指显示器能显示的颜色质量，有 16 色、256 色、16 位增强色、24 位真彩色、32 位真彩色等。

计算机使用的分辨率越高、色彩越多，对系统和硬件的要求就越高。计算机的显示器和显卡性能，决定了屏幕上所能显示的颜色位数和最大分辨率，显卡所支持的颜色位数越高，显示的画面质量越好。具体选择何种分辨率和颜色显示模式，主要取决于计算机的硬件配置和用户的工作需求。

调整屏幕分辨率操作步骤如下：

(1)在【设置】选项卡点击【显示】，单击【高级显示设置】，如图 2-2-7 所示。

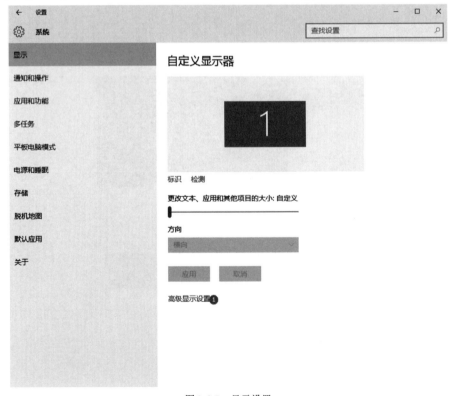

图 2-2-7　显示设置

(2)在【高级显示设置】中点击分辨率的下拉按钮,即可调整分辨率,如图 2-2-8 所示。

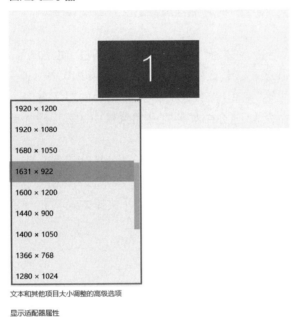

图 2-2-8　分辨率设置

2.3.2　桌面图标

1)图标说明

桌面上排列的小型图像称为图标。它包含图形、说明文字两部分,图片为它的标识,文字表示它的名称或功能。它的主要作用就是快速打开某个文件、文件夹或应用程序。可以将其看作是到达计算机上存储文件和程序的大门。在 Win 10 中,所有的文件、文件夹都用图标的形式表示。用鼠标双击某个图标,可以打开该图标对应的文件或文件夹。桌面上常见图标的功能如下。

(1)【我的文档】:它是一个文件夹,使用它可存储文档、图片和其他文件(包括保存的 Web 页),它是系统默认的文档保存位置,每位登录到该台计算机的用户均拥有各自唯一的【我的文档】文件夹。使用同一台计算机的其他用户无法访问用户存储在【我的文档】文件夹中的文件。

(2)【此电脑】:用于管理计算机中所有的资源。用户通过该图标可以实现对计算机硬盘、文件、文件夹的管理。

(3)【网络】:用于创建和设置网络连接。通过【网络】可以访问其他计算机上的资源。"网上邻居"顾名思义指的是网络意义上的邻居。一个局域网是由许多台计算机相互连接而组成的,在这个局域网中,每台计算机与其他任意一台联网的计算机之间都可以称为是网上邻居。通过启用"网络发现"和"文件共享"功能，用户可以查看工作组中的计算机、网络位置等。

（4）【Internet Explorer】：国际互联网浏览器，用于浏览互联网上的信息，通过双击该图标可以访问网络资源。

（5）【回收站】：也是一个文件夹，用于暂时存储已删除的文件或文件夹。

2）创建桌面快捷图标

快捷图标是对系统各种资源的链接，在桌面上放置一些快捷图标，使用户可以方便、快捷地访问系统资源，这些资源包括程序、文档、文件夹、驱动器等。Win 10 中为了保持桌面整洁，把大量的操作命令都放置在"开始"菜单中，使得打开开始菜单的层次增多，操作不便。下面以"附件"菜单中的【计算器】命令为例，介绍如何把开始菜单中的程序添加到桌面快捷图标。

（1）方法一：单击【开始】菜单按钮，将鼠标移到字母 J 下，找到【计算器】，将计算器图标直接拖到桌面上创建快捷方式。

（2）方法二：在桌面空白处点击鼠标右键，选择【新建】→【快捷方式】，打开创建快捷方式对话框，如图 2-2-9 所示。

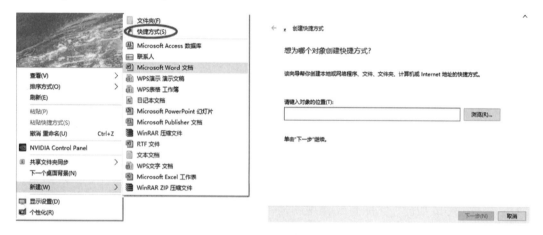

图 2-2-9　创建快捷方式方法二

（3）方法三：直接找到应用程序所在文件夹，在程序图标上点击右键→【发送到】→【桌面快捷方式】，如图 2-2-10 所示。

3）排列桌面图标

当用户创建了很多桌面图标后，为了保持桌面的整齐，并且能够快速地找到某个桌面图标，可以用鼠标把图标拖放到桌面的任何地方，也可以在桌面上的任意空白区域，单击鼠标右键，在弹出的快捷菜单中，选择【查看】，在弹出的菜单中勾选【自动排列图标】和【将图标与网络对齐】选项即可。

选择【排序方式】命令，弹出如图 2-2-11 所示的子菜单。桌面上的图标即可按名称、大小、项目类型、修改日期进行排列。

（1）【名称】：按图标名称的字符或拼音顺序排列。

（2）【大小】：按图标所代表文件的大小（字节数）顺序来排列。

模块二 操作系统使用

图 2-2-10　创建快捷方式方法三

(3)【项目类型】：按图标所代表文件的类型来排列。

(4)【修改日期】：按图标所代表文件的最后一次修改时间来排列。

4) 删除桌面图标

当桌面的图标不再使用而需要删除时，用户可在桌面上选中该图标，然后按下键盘上的【Delete】键，或者右击桌面上的图标，从弹出的快捷菜单中选择【删除】命令。注意：删除快捷图标，并不意味着删除了该文件或程序，只是删除了某种链接。

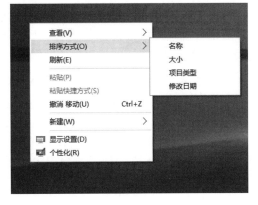

图 2-2-11　排序方式

2.3.3　任务栏

桌面底部的长条区域称为任务栏，它的最左端是【开始】菜单按钮，接着是快速启动栏，最右端是数字时钟等图标，中间大部分区域是窗口按钮栏。Win 10 任务栏如图 2-2-12 所示。

【开始】菜单：是运行应用程序的入口，提供对常用程序和公用系统区域（如此电脑、控制面板、搜索等）的快速访问。

35

图 2-2-12 Win 10 任务栏

快速启动栏:是一个文件夹,存放着一些小的图标形式的按钮,单击这些按钮可以快速启动相应的应用程序,一般情况下,它包括【Internet Explorer】、【此电脑】和【显示桌面】等按钮。

窗口按钮栏:用于显示已经打开的窗口或已经启用的应用程序按钮。每启动一个程序或打开一个窗口,任务栏上会出现相应的有立体感的按钮,表明当前程序或窗口正在被使用,桌面前台的当前程序窗口,其按钮是向下凹陷的且颜色稍深,当把程序窗口最小化后,按钮则是向上凸起的且颜色稍浅,以方便用户观察。关闭该窗口或程序后,该按钮即消失。当按钮太多而堆集时,Win 10 会通过合并按钮使任务栏保持整洁。例如,表示独立的多个 Word 文档窗口的按钮将自动组合成一个 Word 文档窗口按钮。单击该按钮可以从组合的菜单中选择所需的 Word 文档窗口。

语言栏:用户可通过语言栏选择所需的输入法,单击任务栏上的语言图标"EN"、键盘图标"▭"或其他输入法的图标,将弹出输入法选择菜单。语言栏可以最小化以按钮的形式在任务栏上显示,也可以独立于任务栏之外。

注意:根据操作系统和软件安装与配置的不同,在任务栏上显示的图标也不尽相同,也可以根据自己的喜好设置任务栏。

1)设置任务栏属性

默认状态下,任务栏总是显示在屏幕上。这样不但要占用屏幕的一部分区域,有时还会覆盖某些应用程序的部分界面,无法看到完整的信息,因而有时需要改变任务栏的显示属性。

右键点击任务栏空白处,点击【属性】,如图 2-2-13 所示。

选中【锁定任务栏】,将任务栏锁定在桌面上的当前位置,这样任务栏就不会被移动到其他位置。

选中【自动隐藏任务栏】,当用户把鼠标移动到任务栏以外的区域时,任务栏将自动隐藏,屏幕的底部看不见任务栏;当用户需要使用任务栏时,把鼠标移动到任务栏原先所在的区域时,任务栏就会重新出现。

2)改变任务栏的位置

默认状态下,任务栏位于桌面的底部,根据用户的需要和喜好,可以把它移动到桌面的顶部、左侧、右侧。在移动时,首先确定任务栏处于"非锁定"状态,然后在任务栏上的空白部分按下鼠标左键,将鼠标指针拖动到桌面上要放置任务栏的位置后,释放鼠标即可。

3)改变任务栏的大小

当用户启动的应用程序很多或打开的文件夹很多时,任务栏上每个窗口的最小化按钮图标就会变得很窄,无法看到其完整的名字,从而无法准确地找到需要打开的窗口。虽然 Win 10 采用"任务栏按钮分组"功能,使相似功能的按钮分组排列在任务栏中,使每个功能按钮都能显示完整名字,但是却无法同时显示多个所有的按钮。用户可以通过改变任务栏的大小和加宽任务栏,使所有的按钮都平铺显示在任务栏中,这样用户可以一目了然地找到想要打开的窗口按钮。

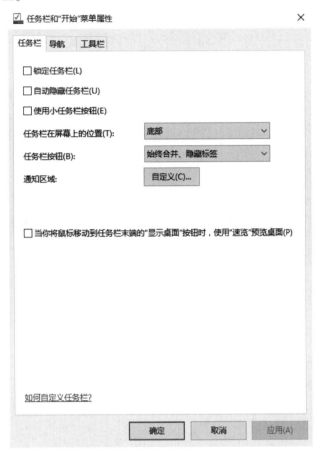

图 2-2-13 【任务栏】设置

要改变任务栏的大小,首先也要确定任务栏处于非锁定状态,然后将鼠标指针悬停在任务栏的边缘或任务栏上的某一工具栏的边缘,当显示鼠标指针变为双箭头形状时,按下鼠标左键不放拖动到合适位置后,释放鼠标按钮,完成改变任务栏大小的操作。

2.3.4 【开始】菜单

桌面的左下角有一个【开始】按钮。它是整个桌面的核心,Win 10 对计算机的所有管理功能都可以通过这个按钮里包含的各种程序来实现,比如说快速查找所需的文件或文件夹,注销用户和关闭计算机等。

1)开始菜单打开方式

Win 10 中的开始菜单可以通过点击左下角的"开始菜单"按键打开,还可以使用快捷键"Win"打开。

2)开始菜单展开位置

【开始】菜单出现的位置是在屏幕左下角,因为是随着任务栏的变动而改变位置,所以只需要移动任务栏就可以改变开始菜单的展开位置。在任务栏空白处右击取消"锁定任务栏",然后鼠标左键按住任务栏不动并拖动任务栏至屏幕的四端,可使任务栏菜单依次改变出现的样式,如图 2-2-14 所示。

图 2-2-14 【开始】菜单位置改变

3) 修改开始菜单的大小

开始菜单默认大小只显示最左侧一列按钮、按英文字母排序文件、三排磁贴,如果需要更大一点的开始菜单该怎么办呢?打开开始菜单,将鼠标移动至边缘,出现左右箭头时,按住鼠标左键左右、上下拉动即可改变开始菜单的大小。

4)【开始】菜单使用简介

Win 10 开始菜单整体可以分成两个部分,其中,左侧为常用项目和最近添加使用过的项目的显示区域,还能显示所有应用列表等;右侧则是用来固定图标的区域。【开始】菜单如图 2-2-15 所示。

【开始】菜单顶端是用户账户的名称,表明当前使用者的身份,由一张小图片和登录的用户名称组成,用户名取决于登录的用户,图标可以通过【控制面板】→【用户账户】命令更改。

【开始】菜单左侧包含的是程序列表,该列表分为两个部分:顶部的"最近添加"和底部的"按字母排列的常用用程序列表"。

(1)将应用/程序,固定到开始菜单。

在左侧右键单击某一个应用项目或者程序文件,以 WPS OFFICE 为例,选择"固定到开始屏幕",之后应用图标就会出现在右侧的区域中。

应用如上操作,如图 2-2-16 所示,就能把经常用到的应用项目贴在右边,方便快速查找和使用。

(2)将应用/程序,固定到任务栏。

在左侧右键单击某一个应用项目或者程序文件,以 WPS OFFICE 为例,选择"固定到任务栏",之后应用图标就会出现在任务栏中。

图 2-2-15 【开始】菜单

图 2-2-16 将应用/程序固定到【开始】菜单

应用上述操作,如图 2-2-17 所示,就能把经常用到的应用项目,固定到任务栏中,方便快速查找和使用。

图 2-2-17　将应用/程序固定到任务栏

(3)通过右键单击右边应用程序图标,可以取消其在开始屏幕的显示,也能改变其大小,甚至可以卸载该应用程序,都只需要点击右键,如图 2-2-18 所示。

图 2-2-18　右键单击应用程序图标

(4)快速查找应用程序。

通过左键单击开始键,点击所有程序,点击字母,例如 A,便能弹出快速查找的界面。这就是 Win 10 提供的首字母索引功能,应用起来非常方便,利于快速查找应用,如图 2-2-19 所示。当然,这需要我们事先对应用程序的名称和它所属文件夹比较了解。

图 2-2-19　快速查找应用程序

2.4　窗口及其操作

Windows 的中文含义为"窗口",Windows 操作系统正是以窗口的形式囊括了形形色色的功能。无论是 Windows 操作系统本身自带的应用小程序,如"写字板""画图"等,还是当今流行的各种应用软件,无不以窗口的形式展现在用户面前,提供用户一个与计算机交互式操作的图形化界面。用户在窗口中几乎可以进行任何操作,以完成各种任务,如管理计算机资源、创建、编辑、保存文件等,对窗口本身也可以进行打开、关闭、移动等操作。

2.4.1　窗口的组成

在 Win 10 中,所有系统窗口及在窗口环境下运行的应用程序外观基本一致,包括边框、标题栏、控制菜单图标、菜单栏、工具栏、工作区域等。下面以【此电脑】窗口为例介绍窗口,如图 2-2-20 所示。

(1)标题栏:窗口顶部的水平长条。最左边是控制菜单图标,单击该图标可以打开系统控制菜单,系统控制菜单中一般包括窗口移动、调整窗口大小,并可执行关闭窗口的操作。控制菜单右边是标题,用于显示当前窗口的名称,如"此电脑"。标题栏右边有 3 个按钮,分别是【最小化】、【最大化】（或【还原】）和【关闭】按钮。

图 2-2-20　【此电脑】窗口组成示例

（2）菜单栏：窗口标题栏下面紧挨着的就是菜单栏，一般包括【文件】菜单、【编辑】菜单、【帮助】菜单等。单击选择某个菜单后会弹出下拉式菜单。利用菜单栏，可以很方便地选择各种命令，进行各项操作。

（3）工具栏：菜单栏下面的含有快捷工具按钮的长条栏。可以根据需要将常用的工具栏显示在窗口中，用户在使用时可直接从上面选择各种工具按钮完成与菜单命令一样的操作。窗口中的工具栏不需要显示时，可以单击【查看】→【工具栏】，在弹出的级联菜单中将不需要显示的工具栏取消；当然与可以用同样的方法增加工具栏。

（4）地址栏：工具栏下面的长条栏。使用地址栏无须关闭当前文件夹窗口就能导航到不同的文件夹，还可以运行指定程序或打开指定文件。

（5）工作区域：窗口内部区域成为工作区域或工作空间。在【此电脑】窗口中，工作区被分成了两部分，左半部分为常用任务列表、其他位置、详细信息等，右半部分内容为显示区，用于显示驱动器、文件夹、文件有关信息等。

（6）滚动条：当窗口工作区容纳不下要显示的所有内容时，工作区的右侧或底部就会出现滚动条，分别被称为垂直滚动条和水平滚动条。每个滚动条两端都有滚动箭头，两个箭头之间有一个滚动快。

（7）状态栏：状态栏位于窗口的底部，用来显示当前工作区内的基本信息或操作状态信息。

2.4.2　窗口的基本操作

窗口的基本操作主要包括移动窗口、改变窗口大小、切换窗口以及最大化、最小化、还原和关闭窗口。下面介绍具体的操作方法。

1)打开窗口

当需要打开一个窗口时,可以通过下面两种方式实现:

(1)选中要打开的窗口图标,双击之。

(2)在选中的图标上右击,在弹出的快捷菜单中选择【打开】命令。

2)移动窗口

用户在打开一个窗口后,可以通过鼠标来移动窗口,也可以通过鼠标和键盘的配合来移动窗口,条件是窗口处于非最大化状态(窗口没有撑满整个屏幕)。

(1)将鼠标指向标题栏,按下鼠标左键不放,拖动窗口到目标位置,松开鼠标按钮即可。

(2)单击【控制菜单】按钮或在标题栏上右击,在弹出的菜单中选择【移动】命令,如图 2-2-21 所示,鼠标指针随即改变为四个箭头的形状✥,此时按下键盘的上、下、左、右光标移动键可移动窗口位置,按【Enter】键结束。应用此方法可以精确移动窗口。

注意:当窗口处于最大化状态时,不能进行移动的操作。

3)改变窗口大小

窗口不但可以移动到桌面上的任何位置,而且还可以改变其大小,将其调整到合适的尺寸,条件仍然是窗口处于非最大化状态。

(1)将鼠标移到窗口的边框或窗口的边角,当鼠标指针变成双向箭头↕、↔、⤢、⤡时,按住鼠标左键,拖动鼠标,即可改变窗口大小。

图 2-2-21 【控制菜单】和标题栏快捷菜单命令

(2)单击【控制菜单】按钮或在标题栏上右键单击,在弹出的菜单中选择【大小】命令。鼠标指针随即改变为四个箭头的形状✥,此时按键盘的上、下、左、右光标移动键可调整窗口大小,按【Enter】键结束。应用此方法可以精确改变窗口的大小。

注意:当窗口处于最大化状态时,不能进行改变大小的操作。

4)最小化、最大化、还原窗口

在窗口标题栏的右端有 3 个按钮,分别是【最小化】、【最大化】(或【还原】)、【关闭】按钮,其中前 2 个按钮的作用如下:

【最小化】:单击最小化按钮,窗口将缩小为任务栏上的图标按钮。若要将最小化的窗口还原成原来的大小,单击它在任务栏上的按钮即可。

【最大化】:单击最大化按钮,窗口将以全屏方式显示。同时,最大化按钮变成还原按钮。

【还原】:最大化窗口以后,单击还原按钮,可将窗口还原为原来的大小。

注意:最大化和还原窗口之间的切换还可以通过双击标题栏来实现。

单击快速启动栏上的显示桌面按钮,可以最小化所有打开的窗口及对话框,屏幕显示为桌面。

5)关闭窗口

用户完成对窗口的操作后可以通过下面几种方法关闭窗口。

(1)直接在标题栏单击【关闭】按钮。

(2)右击窗口在任务栏上的按钮或右击窗口的标题栏或单击【控制菜单】按钮,在弹出的快捷菜单中选择【关闭】命令。

(3)双击【控制菜单】按钮。

(4)同时按下键盘上的〈Alt + F4〉组合键。

6)切换窗口

多窗口操作是Windows操作系统的一个重要特性,系统允许用户同时打开多个窗口,并可以在多个窗口之间进行切换。但是在同一时刻只能有一个窗口处于激活状态,该窗口称为活动窗口(或当前窗口),其标题栏以深色背景显示,并且置于其他窗口之上。在多个窗口之间进行切换,可以用鼠标进行操作也可以用键盘进行操作。

用鼠标切换窗口可用下面两种方法:

(1)用鼠标单击任务栏上该窗口的图标按钮。

(2)直接单击想要激活窗口的任意位置。

用键盘切换窗口的方法如下:

(1)先按住【Alt】键后,按下【Tab】键将出现如图2-2-22所示的窗口,此时再反复按下【Tab】键,可将墨绿色的方框移动到想要打开的窗口图标上,松开【Alt】键后,选择的窗口就会立即弹出。

(2)先按住【Alt】键后,反复按下【Esc】键来选择所要打开的窗口,但是它只能改变激活窗口的顺序,不能使最小化窗口放大,故多用于切换已打开的窗口。

图2-2-22 窗口切换对话框

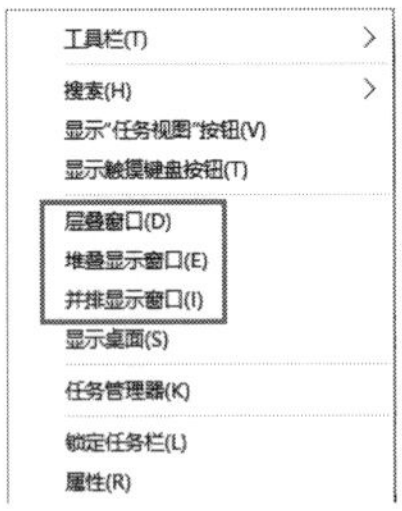

7)排列窗口

对打开的多个窗口,需要全部进行显示时,就涉及窗口的排列问题。Win 10中提供了三种排列的方式,分别是层叠窗口、横向平铺窗口和纵向平铺窗口。

窗口排列按以下步骤操作:右击任务栏的空白区域,弹出任务栏快捷菜单,如图2-2-23所示。在该快捷菜单上选择【层叠窗口】、【横向平铺窗口】或【纵向平铺窗口】即可。

图2-2-23 任务栏快捷菜单

2.5 菜单及其操作

2.5.1 菜单的分类

菜单是操作系统或应用软件所提供的操作功能的一种最主要的表现形式。在 Windows 操作系统中,常用的菜单有【开始】菜单、控制菜单、快捷菜单和命令菜单四种类型。

【开始】菜单:桌面左下角有一个【开始】按钮,单击该按钮可以弹出【开始】菜单,该菜单包括 Windows 操作系统的大部分应用程序。

控制菜单:是指单击窗口最左上角的控制按钮后弹出的菜单,它提供了还原、移动、大小、最大化、最小化、关闭窗口等功能。每个窗口都有一个控制菜单。

快捷菜单:是指用鼠标右键单击某一对象(如图标、按钮、桌面等)或区域等而弹出的菜单。快捷菜单中的功能都是与当前操作对象密切相关的,其功能与当前操作状态和位置有关。

命令菜单:是指窗口菜单栏下的各个功能项组成的菜单,如【文件】、【编辑】、【帮助】等。Windows 操作系统的每个窗口均有菜单栏,它几乎包括了该应用程序的所有功能。单击菜单栏中的某菜单将会弹出一个下拉式菜单、一个下拉菜单含有多个相关操作的菜单命令。

2.5.2 菜单的基本操作

对于 Windows 操作系统及应用程序所提供的各种菜单,不管是控制菜单、快捷菜单或命令菜单,用户都可使用鼠标或键盘对其进行相应的操作。鼠标操作具有灵活、简单、方便,基本不用记忆的特点,建议尽量使用鼠标进行操作。

1)打开菜单

用鼠标进行操作时,单击【开始】按钮可打开【开始】菜单;单击窗口左上角的控制图标可打开【控制】菜单;用鼠标右键单击某一对象可打开快捷菜单;单击菜单栏上的各个菜单名可打开命令菜单。

对于窗口中的菜单,也可以使用键盘进行操作,有关键盘操作的快捷键,可查阅相关资料。

2)取消菜单

如果打开一个菜单后,又不想操作,可以单击该菜单以外的任何位置或按【Esc】键,即可取消该菜单,重新进行其他的操作。如果打开一个菜单后,想取消此菜单并想打开另一个菜单,只需把鼠标指向菜单栏的另一菜单名即可。

3)菜单的有关约定

不管是 Windows 操作系统窗口菜单还是应用程序窗口菜单,其各个功能项的表示有一些特定的含义。

(1)右端带省略号(…),表示执行该菜单命令后,将弹出一个对话框,要求用户输入某种信息或改变某种设置,如图 2-2-24 中的菜单项。

(2)右端带箭头(▶),表示该菜单项还有下一

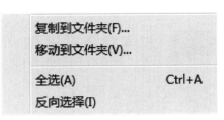

图 2-2-24 菜单示例之一

级菜单,当鼠标指向该选项时,就会自动弹出下一级子菜单,如图 2-2-25 所示的菜单项【排列方式】。

(3)呈灰色显示的菜单,表示该菜单项目前不能使用,原因是执行这个菜单项的条件不够,如图 2-2-26 中的菜单项【剪切】、【复制】、【粘贴】等命令此时均处于不可用状态。

图 2-2-25　菜单示例之二　　图 2-2-26　菜单示例之三

(4)左侧带选中标记的菜单项是以选中和去掉选中进行切换的。Win 10 中选中标记常见的有 ✓ 或 ●。✓ 的作用像开关,有 ✓ 时表示该项正在起作用,无 ✓ 时表示不起作用,如图 2-2-26 中的菜单项【状态栏】。● 指一组菜单命令中,它们之间的功能是互斥的,只能执行一种操作,只有带 ● 的命令是当前有效的。如图 2-2-25 所示【排列方式】的级联菜单中有【名称】、【大小】、【类型】、【修改时间】四个命令,只能选择一个命令并使之有效,原来选择的排列方式就失效,此时对排列起作用的是【名称】。

(5)名字后面的字母和组合键。紧跟菜单名后的括号中的单个字母是当菜单被打开时,可通过键盘键入该字母执行该菜单命令的操作。菜单后面的组合键是在菜单没有打开时执行该菜单命令操作的快捷键。

4)工具栏的使用

在 Windows 操作系统中,大多数应用程序都提供有丰富的工具栏。工具栏是菜单中相应命令的快捷图标按钮,使用时只需单击工具栏上的命令按钮即可执行相关的命令。

当用户不知道工具栏上某按钮的功能时,可用鼠标指针指向该按钮,停留片刻则自动显示其功能名称。如果某个按钮是一个分割按钮,如"U ▼"。单击该按钮的主要部分会执行一个命令,而单击"U"右侧的下拉按钮则会打开一个有更多选项的菜单。

如果要改变工具栏的位置,将鼠标指针指向工具栏最左端突出的竖线位置或者其标题栏(一般悬浮在工作区的工具栏才会出现标题栏),当鼠标指针变为十字移动箭头形状【✥】时,按住左键不放拖动到目的位置,释放鼠标即可。

2.6　对话框及其操作

2.6.1　对话框介绍

对话框,顾名思义,主要用于人与计算机系统之间的对话。例如,如果你想打开一个文件,就必须通过对话框"告诉"计算机你想打开哪个文件;如果你想改变一下任务栏的显示模式,也必须通过对话框"告诉"计算机,你希望任务栏是"自动隐藏"还是"总在前面"等。在Windows操作系统中,对话框的形态有很多种,复杂程度也各不相同,下面以【文件夹选项】对话框为例进行说明。

图 2-2-27 【此电脑】窗口

双击桌面上【此电脑】打开【此电脑】窗口(图 2-2-27),单击【查看】选项卡→【选项】(图 2-2-28)。打开【选项】对话框,出现【文件夹选项】,如图 2-2-29 所示。

图 2-2-28 【查看】选项卡窗口

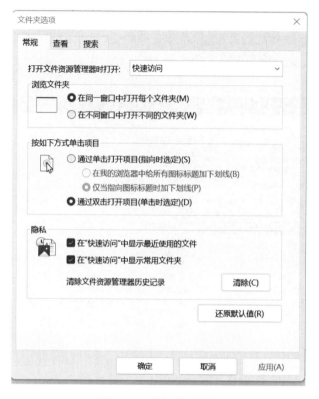

图 2-2-29 【选项】对话框

从图 2-2-27、图 2-2-28 所示窗口和图 2-2-29 所示【文件夹选项】对话框中可以看出,对话框与窗口有些类似,顶部为标题栏。但对话框中没有菜单栏,对话框的大小也是固定的,不能像窗口那样随意缩放。对话框的主要组成元素有:

(1)标题栏:标题栏在对话框的顶部,其左端是对话框的名称,右端一般是关闭按钮和帮助按钮。

(2)选项卡:当两组以上功能的对话框合并在一起形成一个多功能对话框时就会出现选项卡(也叫"标签")。如图 2-2-29 所示的对话框,有三个选项卡:【常规】、【查看】、【搜索】,单击选项卡名可进行选项卡的切换。

(3)命令按钮:命令按钮常用来确定输入项或打开一个辅助的对话框,常见的命令按钮有:

【确定】:确认对话框中的设置并关闭对话框。

【取消】:取消用户当前在对话框中对设置的更改并关闭对话框。

【应用】:使对话框中的设置生效。视不同的对话框,可能关闭或不关闭。

(4)列表框:列出当前状态下的相关内容供用户查看并选择,当有显示不完的内容时,用户可通过滚动条或下拉箭头(按钮)在列表框中查看列表内容,然后选择需要的项目。

(5)复选框:复选框是一个正方形的框☐,一个或多个同时出现。可以选中其中的一个或同时选中多个,也可以一个都不选。当复选框中出现标记☑时,表示该选项将被使用;标记为☐,表示该选项将不起作用。

(6)单选框:单选框是圆形图框◯,通常以成组的形式出现,各选项之间互斥,在一组单选框中,每次只能选中其中的一个,且必须选择一个,选中的单选框为◉。

(7)文本框:用于输入或选择当前操作所需的文本信息。在文本框中单击鼠标左键后,出现编辑光标【|】,此时可以直接从键盘输入内容。

2.6.2 对话框的移动和关闭

这两个操作与窗口对应的操作一样,用鼠标左键单击标题栏,并拖动鼠标即可将对话框移动到屏幕的任何地方;单击标题栏右上端的关闭按钮❌,就可关闭对话框。如果你想保存本次对话框中的输入和修改,请单击【确定】按钮退出对话框;否则,请单击【取消】按钮退出对话框。

2.7 文件资源管理

计算机系统中的大部分数据都是以文件的形式存储在磁盘上,操作系统的主要功能之一就是帮助用户管理好自己的数据文件。使用 Win 10 的【文件管理器】和【此电脑】,用户能够很方便地对文件资源进行管理。

2.7.1 文件、文件夹及文件存储

1)文件和文件夹

文件是操作系统存取磁盘信息的基本单位。一个文件是一组相关信息的集合,文件中可以存放文本、图像和数据等信息。每个文件都有一个唯一的名字,称为文件名,操作系统正是通过文件名对文件进行管理。

文件夹又称目录,主要用于对计算机系统中的文件进行分类和汇总,以便更有效地管理。文件夹中还可以包含文件和文件夹,用户可以把同类的文件放置在同一个文件夹中,再把同类的文件夹放置在一个更大的文件夹中。就像我们日常生活中的纸质文件管理一样,通过不同的文件夹对文件进行分类和汇总。

2)文件和文件夹的命名规则

文件的名称包括主文件名和扩展名两部分。主文件名可以使用英文或汉字,扩展名表示这个文件的类型。命名应该通俗易懂,即通常我们所说的"见名知意",同时必须遵守以下规则:

(1)文件名的格式:主文件名.[扩展名]。

(2)文件允许使用长文件名,至多可以包含 255 个字符。

(3)文件名可以使用中文、数字、英文字母、空格等字符;操作系统一般不区分大小写英文字母,如 AA.TXT 和 aa.txt 是同一个文件名。

(4)文件名中不能包含以下字符:\,|,:,*,?,",<,>。

(5)文件的扩展名常用来标识文件的类型。扩展名与主文件名之间用"."分隔。文件名中可使用多个间隔符,即文件名中允许出现多个".",最后一个"."后的字符为文件的扩展名。

(6)当搜索文件时,可以使用通配符"*"或"?"。"*"匹配任意长度的任意字符,"?"匹

配一个任意字符。如查找文件名为"YY＊"的文件,系统将搜索所有文件名以"YY"开头的文件;如查找文件名为"YY?"的文件,系统将搜索以"YY"开头,并且只有三个字母的文件。

(7)同一文件夹内的文件名不能相同,不同文件夹内的文件名可以相同。

文件夹一般没有扩展名,其命名规则和文件名的命名规则一样。

3)文件类型

文件的扩展名一般可用来表示文件的类型,不同类型的文件其扩展名一般也不相同。Win 10 文件一般分为程序文件与数据文件。程序文件是由操作系统负责解释执行的文件,数据文件则包含了文本、图形、图像与数值等数据信息。

(1)程序文件:由可执行的代码组成。如果查看程序文件,用户只能看到一些无法识别的怪字符。程序文件的扩展名一般为 COM 和 EXE,双击这些程序文件名,大部分情况下即可启动或执行相应的程序。

(2)文本文件:通常由汉字、字母和数字组成。一般情况下,其扩展名为 TXT。值得注意的是,有的文件虽然不是文本文件,但是可以用文本编辑器进行编辑。

(3)图像文件:通常由图片信息组成。图像文件的格式有很多种,不同格式的图像文件其扩展名不同,比较常见的有 bmp、jpg、gif、tif 等。一般,Win 10 中的画图应用程序创建的图像文件是位图文件,扩展名是 bmp。

(4)多媒体文件:主要指数字形式的声音和影像文件。多媒体文件还可以细分成很多类型,不同类型的多媒体文件,其扩展名不同,如 wav、cda、mid、avi、mpg 等。

(5)字体文件:Win 10 中有各种不同的字体,其文件各自存放在 Windows 文件夹下的 Fonts 文件夹中。如 TTF 表示 TrueType 字体文件,FON 则表示位图字体文件。

(6)数据文件:一般包含有数字、名字、地址和其他由数据库和电子表格等程序创建的信息。由不同应用程序创建的数据文件,其扩展名不同,如同 mdb、dbf、xls 等。

综上所述,可以发现文件的扩展名可以帮助用户识别文件的类型,也可以帮助计算机将文件分类,并标识这一类扩展名的文件用什么程序去打开。

值得注意的是,大多数文件在存盘时,应用程序会自动给文件加上默认的扩展名。当然,用户也可以特定指出文件的扩展名。为了帮助用户更好地辨认文件的类型,表 2-2-2 中列出了 Win 10 中常用的文件扩展名。

Win 10 中常用的文件扩展名　　　　　表 2-2-2

扩展名	文 件 类 型	扩展名	文 件 类 型
avi	影像文件	mp3(mid、wav)	不同压缩方式的声音文件
bak	备份文件	tif	一种常用扫描图形格式文件
bmp	位图文件	txt	文本文件
doc	Word 文档文件	xls	Excel 的电子表格文件
dot	Word 模板文件	ppt	PowerPoint 文档文件
gif	一种图形或动画压缩格式文件,可用于 Web 页中	pot	PowerPoint 模板文件
hlp	Windows 的帮助文件	mdb	Access 数据库文件

续上表

扩展名	文 件 类 型	扩展名	文 件 类 型
htm(html)	静态 Web 页格式文件	com/exe	可执行程序文件
jpg	一种常用的图形文件	—	—

注意：

(1)文件扩展名并非一个文件的必要构成部分。任何一个文件可以有或没有扩展名。对于打开文件操作,没有扩展名的文件需要选择程序去打开它,有扩展名的文件会自动用设置好的程序(如有)去尝试打开,文件扩展名是一个常规文件名的组成部分,但一个文件的文件名可以没有扩展名。

(2)文件扩展名也可以与该文件的类型无关。文件扩展名可以人为设定,扩展名为 txt 的文件有可能是一张图片,同样,扩展名为 mp3 的文件,依然可能是一个视频。

4)文件的存储结构

在 Windows 操作系统中,文件的存储结构采用的都是层级结构。Windows 操作系统的文件存储结构由五层组成。

(1)文件:文件存储结构的最底层。文件最初是在内存中建立的,然后按用户指定的文件名存储到硬盘(或其他外存储器)上。每个文件在硬盘上都有其固定的位置,我们称之为文件的路径,也就是指引系统找到指定文件所要走的路线。路径包括存储文件的驱动器、文件夹或多层子文件夹,中间由路径分隔符"\"分隔,格式为：

<盘符:>\<文件夹1>\<文件夹2>\<…>\文件名.扩展名

例如,"C:\Program Fils\Microsoft Office\Winword.exe"就是文件 Winword.exe 的路径,即该文件的完整标识。

(2)文件夹:用来管理文件。文件夹可以嵌套,也就是说文件夹内还可以再包含文件夹。只要存储空间不受限制,一个文件夹中可以放置任意多个文件。一个逻辑驱动器,格式化后,即可以存放文件,此时文件存放的位置称为根目录或根文件,是最上层的文件夹,但放置的文件个数根据文件系统的不同,一般都有限制,如常见的存储卡采用的 FAT 文件系统的根目录最多能存放 254 个文件。

(3)驱动器:用来管理文件及文件夹。驱动器一般用后面带有冒号(:)的大写字母标识。在计算机中有多个外部存储器,如优盘、硬盘、光盘等,分别用 C:、D:、E:等字母进行标识。由于历史的原因,硬盘、光盘和优盘的标识从 C:开始,可以是 C:、D:、E:、F:等,光盘驱动器通常是最末的一个标号,U 盘在插入后分配一个当前可用的字母标识。

(4)与驱动器并列的有【控制面板】【共享文档】和用户的个人文件夹。【共享文档】文件夹中包含【共享图片】和【共享音乐】文件夹,用于放置同一台计算机上其他用户共享的图片和音乐。Win 10 为计算机的每一个用户创建一个个人文件夹,通常采用用户名来标示。

(5)此电脑:包含所有的驱动器、【控制面板】、共享文档和所有用户的个人文档。与【此电脑】并列的有【网络】,用来管理网络上其他计算机中共享的文件资源;回收站,用来管理从本机和网络上其他计算机中删除的文件资源;【我的文档】即为当前用户的个人文件夹。

(6)资源管理器:是计算机资源管理的最高层。它包含了计算机中所有的存储资源,如此电脑、网络、回收站等。

2.7.2 文件资源管理器

上面提到,资源管理器是 Win 10 资源管理的最高层,主要负责系统文件资源管理,用于显示计算机上的文件、文件夹和驱动器的分层结构,同时显示了映射到计算机上的驱动器标识的所有网络驱动器名称。使用 Windows 资源管理器,可以快速便捷地复制、移动、重新命名以及搜索文件和文件夹。其功能十分类似于【此电脑】,区别之处在于它的窗口左侧是【文件夹】窗格,该窗格中以目录树的形式显示了计算机中的所有资源项目,并在右窗格中显示所选项目的详细内容,这样用户就可免去在多个窗口之间来回切换。

1)文件资源管理器的启动

可用下面两种方法启动资源管理器:

(1)依次单击【开始】→【所有程序】→【Windows 系统】→【Windows 文件资源管理器】。

(2)用鼠标右键单击任务栏的【开始】按钮,在弹出的快捷菜单中选择【文件资源管理器】。

【文件资源管理器】窗口是一个普通的应用程序窗口,它除了有一般窗口的通用组件外,还将窗口工作区分成以下两个部分:左窗格显示为系统的树状结构,表示计算机资源的结构组织,从"桌面"图标开始,计算机所有的资源都组织在其下,例如"此电脑""我的文档""网络"等;右窗格用于显示左窗格中选定的对象所包含的内容。左窗格和右窗格之间有一分隔条,整个窗口底部为状态栏。

2)文件资源管理器的窗口功能

(1)工具栏。

工具栏里包含了一些标准按钮,通过单击这些按钮可以完成一些常用的功能。虽然也可以通过选择相应的菜单命令来完成这些功能,但大多数用户往往更倾向于使用工具按钮。标准按钮的功能见表 2-2-3。

标准按钮的功能　　　　　　　　　　　　　　　表 2-2-3

按钮名称	功　能
后退	可返回前一操作的位置
前进	相对后退而言,返回后退操作前的位置
向上	将当前的位置设定到上一级文件夹中
搜索	打开"搜索助理"工具栏,用于搜索文件和文件夹等
文件夹	用于显示或关闭左窗格的文件夹树
查看	决定右窗格的显示方式,显示方式为缩略图、平铺、幻灯片、图标、列表和详细资料六种方式之一

(2)移动分隔条。

移动分隔条可以改变左、右窗格的大小,操作方法是把鼠标指针移动到分隔条上,当指针形状变成左右箭头"↔"的时候,按下鼠标左键,拖动分隔条到合适的位置,释放鼠标即可。

(3)浏览文件夹中的内容。

当在左窗格中选定一个文件夹时,右窗格中就显示该文件夹中所包含的文件和子文件夹,如果一个文件夹包含有下一层子文件夹,则在左窗格中该文件夹的左边有一个">"。单击文件夹左边">"号时,就会展开该文件夹,并且">"号变成"V"号,表明该文件夹已经展开,单击"V"号,可折叠已展开的内容,并将"V"号变成">"号。也可以使用双击文件夹图标或文件夹名,展开或折叠一层文件夹。

(4)文件和文件夹的显示方式。

在默认设置下,Windows 操作系统不会显示哪些已知文件类型的文件扩展名,而是用不同的图标表示其文件的类型。打开一个文件夹时,可以在【查看】菜单中选择【窗格】、【布局】、【当前视图】、【显示/隐藏】视图命令选项之一。在文件夹中查看文件时,Windows 操作系统提供了几种方法来整理和识别文件。它们的区别见表 2-2-4。

查 看 视 图 说 明　　　　　表 2-2-4

命令	显 示 方 式
平铺	以图标显示文件和文件夹。这种图标比"图标"视图中的图标要大,并且将所选的分类信息显示在文件或文件夹名下方
图标	以图标显示文件和文件夹。文件名显示在图标下方,但是不显示分类信息
列表	以文件或文件夹名列表显示文件夹内容,其内容前面为小图标。当文件夹中包含很多文件,并且想在列表中快速查找一个文件名时,这种视图非常有用
详细信息	列出已打开文件夹的内容并提供有关文件的详细信息,包括文件名、类型、大小和修改日期

(5)文件和文件夹的排列。

在 Windows 文件资源管理器中可以对文件和文件夹进行排列,排列的目的是便于查找文件和文件夹。排列文件和文件夹的操作方法是:选择【查看】→【排序方式】,然后在级联菜单中根据需要选择按进行排列。

(6)文件夹选项的设置。

在 Windows 文件资源管理器窗口中,依次单击菜单列表【查看】→【选项】,即可打开【文件夹选项】对话框,如图 2-2-30 所示。在该对话框中共有三个选项卡:【常规】、【查看】、【搜索】,在这里主要介绍【查看】选项卡。该选项卡主要用于控制计算机上文件和文件夹的显示方式。选项卡分为【文件夹视图】和【高级设置】两部分。

【文件夹视图】:在此选项组中有两个按钮,它们分别可以使所有的文件夹的外观保持一致。单击【与当前文件夹类似】按钮可以使计算机上的所有文件夹与当前文件夹有类似的配置。单击【重置所有文件夹】按钮,系统将重新设置所有文件夹(除工具栏和 Web 视图外)为默认的视图设置。

【高级设置】:有两组单选按钮,其余的均为复选框。下面主要介绍几个常用的功能。

在【文件和文件夹】列表中分别为以下几种显示方式:

【鼠标指向文件夹和桌面项时显示提示信息】复选框:在弹出的文件夹窗口中,当用户用鼠标指针指向某一个文件夹时,在窗口中显示出所选文件夹的说明文字。

图 2-2-30 【查看】选项卡

【隐藏受保护的操作系统文件(推荐)】复选框:指定系统文件不显示在该文件夹的文件列表中。如果要防止系统文件被意外更改或删除,则可以选择该项。

【隐藏文件或文件夹】列表是两个单选按钮,其中:

【不显示隐藏的文件、文件夹和驱动器】单选按钮:指定属性为隐藏的文件或文件夹不显示在文件夹的文件列表中。

【显示隐藏的文件、文件夹和驱动器】单选按钮:指定所有的文件或文件夹(包括隐藏和系统文件)都显示在文件夹的文件列表中。

【隐藏以知文件类型的扩展名】复选框:对于 Win 10 中的有些文件,用户可以从图标上看出其文件类型。选中该复选框,系统会隐藏此类文件的扩展名,这样在修改文件名时就不会把扩展名给改掉,文件夹窗口的图标排列也将更整齐。

【在标题栏显示完整路径】复选框:表示每次打开文件夹时,在窗口的标题栏上显示当前文件夹的完整路径。

2.7.3 管理文件和文件夹

当在计算机上安装 Windows 操作系统时,硬盘上就创建了各种各样的文件夹,用来保存所有的系统文件;当在 Win 10 下安装一个应用程序时,该程序也会创建许多个文件夹。对于这些程序的文件夹,除非确实想了解 Windows 或某个应用程序是如何工作的,否则最好别去修改或删除它们,以免系统出现故障。在这里,我们所关心的、所要管理的是那些用户自已创建和需要保持的文件及文件夹。

管理文件及文件夹,包括创建新文件夹、为文件及文件夹重命名以及移动、复制、删除和恢复文件和文件夹等操作。在 Win 10 中,用户既可以在【此电脑】窗口,也可以在文件资源管理器窗口完成文件和文件夹的创建、移动、复制、删除和恢复等操作。【此电脑】和文件资源管理器采用基本相同的文件管理办法,但通过文件资源管理器操作更简单一些,它可同时显示文件夹列表和文件列表,能够帮助用户快速定位文件。

1)创建新文件和文件夹

创建新文件和文件夹的具体操作方法如下:

(1)选定位置:在资源管理器左窗格中选定欲创建新文件夹所在的位置,即驱动器与路径。

(2)新建文件夹有如下两种方法:

方法一:选择【主页】→【新建】→【新建文件夹】命令。

方法二:在资源管理器右窗格中右击目标文件夹所在的空白区域,在弹出的对话框中,选择【新建文件夹】命令。

(3)输入新文件夹的名称,按【Enter】键或用鼠标单击其他任何地方,即完成创建新文件夹的操作。

创建新文件的操作与创建新文件夹的操作基本相同,创建中可以在列表中选择文件类型,如 bmp 图片文件、Microsoft Word 文档、文本文档等。创建时所选的文件类型不同,双击打开此文件时打开的程序也不同。

2)选定文件和文件夹

在移动、复制、删除、恢复、重命名一个或多个文件、文件夹之前,首先必须进行选定操作的对象,然后选择执行操作的命令。例如,要删除文件或文件夹,必须先选定所要删除的文件或文件夹,然后选择【文件】→【删除】命令或按【Delete】键。

(1)选定单个文件或文件夹。

在资源管理器右窗格中,单击所要选定的文件或文件夹即可。选定后,被选定的文件或文件夹的图标呈深蓝色。

(2)选定多个连续的文件或文件夹。

方法一:在资源管理器右窗格中,单击所要选定连续区域的第一个文件或文件夹,然后按住【Shift】键不放,再单击连续区域中最后一个待要选定的文件或文件夹。

方法二:在资源管理器右窗格中,在连续区域的空白边角处按下鼠标左键,拖曳到该连续区域的对角后,释放鼠标即可,该矩形区域的文件或文件夹全部被选中。

(3)选择多个不连续的文件或文件夹。

在资源管理器右窗格中,单击要选定的第一个文件或文件夹,然后按住【Ctrl】键不放,再分别单击待选定的剩余的每一个文件或文件夹,这样就可以选择任意多个不连续的文件或文件夹了。按住【Ctrl】键不放,再次单击其中的某个文件或文件夹,即可取消对该文件或文件夹的选择,表示该文件或文件夹不再是所选内容的一部分。

如果要处理的文件或文件夹很多,则可以综合利用【Ctrl】键和【主页】菜单下的【全部选定】或【反向选择】命令。单击【全部选定】或按下〈Ctrl + A〉组合键,文件列表中所有的文件或文件夹将全部被选中,再按住【Ctrl】键不放,用鼠标单击其中某些文件或文件夹,将其中不需要处理的文件或文件夹释放;当文件列表中需要处理的文件或文件夹数超过不需要处理的文件或文件夹数时,则可先选中不需要处理的文件或文件夹,然后单击【反向选择】,可使未被选择的文件或文件夹全部选定。

3)移动和复制文件或文件夹

(1)剪贴板。

在管理文件时,有时需要将某个文件或文件夹移动或复制到其他的地方方便使用,这时就需要用到移动或复制命令。移动文件或文件夹就是将文件或文件夹放到其他地方,执行该命令后,原位置的文件或文件夹将消失,出现在目标位置;复制文件或文件夹就是将文件或文件夹复制一份,放到其他地方,执行该命令后,原位置和目标位置均有该文件或文件夹。

在 Windows 操作系统中,有一个临时存放移动或复制信息的地方,称为剪贴板,它是内存中的一个临时存储区,是应用程序内部和应用程序之间交换信息的场所。剪贴板可存放文字、图形、图像、声音、文件、文件夹等信息,其工作过程是:将选定的内容或对象通过【复制】或【剪切】到剪贴板中暂时存放,当需要时【粘贴】到目标位置。

使用剪贴板时,用户不能直接感觉到它的存在,可同时按下〈Win + V〉,打开【剪贴板查看程序】窗口,可以看到剪切和复制的内容。

在 Windows 操作系统的应用程序中,几乎都有一个【编辑】菜单,该菜单中一般都有【剪切】、【复制】、【粘贴】三个命令,它们是使用剪贴板的三项基本操作。

①【剪切】:是将要移动的内容或对象的相关信息剪切到剪贴板上,源内容或源对象在执行完"粘贴"操作后被删除。

②【复制】:是将要复制的内容或对象的相关信息复制到剪贴板上,源内容或源对象在执行完"粘贴"操作后仍存在。

③【粘贴】:是将剪贴板上的内容或信息所描述的对象粘贴到目标文档、目标应用程序或目标文件夹中。

在一般的应用程序窗口中也都有【剪切】、【复制】、【粘贴】工具按钮。使用它们能更方便、更快捷地完成剪切、复制和粘贴操作。这三个操作还可以分别通过〈Ctrl + X〉、〈Ctrl + C〉、〈Ctrl + V〉三个快捷键完成。

④复制当前屏幕、活动窗口及对话框。

在 Windows 操作系统中,可以把整个屏幕、活动窗口或活动对话框的内容作为图形方式复制到剪贴板中,称为屏幕硬拷贝。

屏幕硬拷贝的方法是:先用鼠标将屏幕、活动窗口或活动对话框调整到所需的状态,使用键盘上的【Print Screen】键,则将整个屏幕的静态内容作为一个图形复制到剪贴板中;使用〈Alt + Print Screen〉键,则将当前的活动窗口或活动对话框的静态内容作为一个图形复制到剪贴板中,然后可以粘贴到需要的文档中或通过附件中的【画图】工具生成一个图形文件。

(2)文件或文件夹的移动和复制。

移动和复制文件或文件夹有两种方法,一种是用命令的方法,另一种是用鼠标直接拖动的方法。

①命令方式移动或复制文件或和文件夹。具体操作方法如下：

a. 选定：选定需要移动或复制的文件或文件夹(可以称之为源文件或源文件夹)。

b. 将选定的文件或文件夹剪切或复制到剪贴板。

方法一：在菜单栏依次单击【编辑】→【剪切】(移动操作)或【复制】(复制操作)命令。

方法二：在选定文件或文件夹图标上方右击，在弹出的快捷菜单中选择【剪切】或【复制】命令。

方法三：单击工具栏上的【剪切】按钮或【复制】按钮。

方法四：按下键盘上的〈Ctrl + X〉组合键或〈Ctrl + C〉组合键。

c. 定位：在资源管理器左窗口，选择移动或复制操作的目标驱动器或文件夹。

d. 粘贴：把剪贴板中的文件或文件夹(以信息的形式存在)移动或复制到目标驱动器或目标文件夹中。操作方法如下：

方法一：在菜单栏依次单击【编辑】→【粘贴】命令。

方法二：在目标驱动器或目标文件夹工作区的空白区域上右击，在弹出的快捷菜单中选择【粘贴】命令。

方法三：单击工具栏上的【粘贴】按钮。

方法四：按下键盘上的〈Ctrl + V〉组合键。

②利用鼠标拖动来移动或复制文件和文件夹。操作方法如下：

方法一：

选择要移动或复制的文件或文件夹。

将鼠标指针指向所选择的文件或文件夹，按住鼠标左键将选定的文件或文件夹拖动到目标文件夹中，但拖动时要视下面四种目标位置的不同情况进行不同的操作：

目标位置与源位置为不同的驱动器，移动时要按住【Shift】键进行拖动。

目标位置与源位置为同一驱动器，移动时可以直接拖动。

目标位置与源位置为同一驱动器，复制时要按住【Ctrl】键再进行拖动。

目标位置与源位置为不同驱动器，复制时可直接拖动。

方法二：

选择要移动或复制的文件或文件夹。

用鼠标右键将选定的文件或文件夹拖动到目标文件夹后，释放鼠标。

注意：执行复制操作拖动鼠标左键时，鼠标箭头上会增加一个" + "号；执行移动操作拖动鼠标左键时，鼠标箭头上没有" + "号。

4)重命名文件或文件夹

重命名文件或文件夹就是给文件或文件夹一个新的名称，使其更符合用户的要求。具体操作如下：

①选定：在资源管理器右窗格中选定需要重命名的文件或文件夹。

②选择重命名操作：

方法一：在菜单栏依次选择【主页】→【组织】→【重命名】命令。

方法二:右击选定的文件或文件夹,在弹出的菜单中,选择【重命名】命令。

方法三:单击两次文件或文件夹的名称。

方法四:按键盘上的【F2】键。

③这样文件或文件夹的名称将处于编辑状态,直接键入新名称后,按【Enter】键即可。

5)删除文件或文件夹

系统在运行过程中,经常会产生一些临时的、没用的文件;用户在使用 Win 10 的过程中,也会经常创建和保存许多没用的或过时的文件。为充分利用计算机的硬盘空间,就需要定期删除这些垃圾文件。具体操作方法如下:

①选定:选定需要删除的文件或文件夹。

②执行删除操作。

方法一:在菜单栏依次选择【主页】→【组织】→【删除】命令。

方法二:右击所选的文件或文件夹,在弹出的快捷菜单中选择【删除】命令。

方法三:直接按键盘上的【Delete】键。

方法四:直接将选定的文件或文件夹,拖动到回收站图标上方。

③确认删除:在弹出的如图 2-2-31 所示的【确认文件删除】的对话框中选择【是】按钮,所选文件或文件夹被放入回收站。若选【否】按钮,则取消刚才的删除操作。

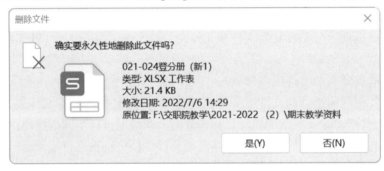

图 2-2-31 【确认文件删除】对话框

6)恢复已删除的文件或文件夹

当删除一个文件或文件夹后,如果还没有执行其他操作,可以选择【编辑】→【撤销删除】命令,或按〈CtrL+Z〉组合键,将刚刚删除的文件或文件夹恢复到原来的存储位置。

如果删除硬磁盘上的文件或文件夹后,又执行了其他的操作,这时要恢复被删除的文件或文件夹,就需要在【回收站】中进行。其操作方法如下:

①双击桌面上的【回收站】图标或单击资源管理器中的【回收站】文件夹,打开回收站窗口,如图 2-2-32 所示。

②从回收站窗口中选择需要恢复的文件或文件夹,然后在【管理回收站工具】里选择【还原选定的项目】命令,或者鼠标右击要还原的文件,在弹出的快捷菜单中选择【还原】命令,注意:回收站中只能保存计算机安装的固定硬盘中被删除的文件或文件夹,因此,回收站也只能恢复从硬盘中被删除的文件或文件夹,不能恢复优盘、移动硬盘等移动存储设备上被删除的文件或文件夹。

图 2-2-32 【回收站】窗口

7）回收站

在删除 Win 10 中的文件或文件夹时，回收站提供了一个安全岛。当从硬盘中删除任意项目时，Win 10 都会暂时存放在回收站中。当回收站存放容量用完满以后，Win 10 将自动删除那些最早进入回收站的文件或文件夹，以存放最近删除的文件或文件夹。

【回收站】的存储空间一般为保存它的硬盘容量的 10%，你可以在桌面上右击其图标，从弹出的快捷菜单中选择【属性】，查看【回收站】可用空间的大小，如图 2-2-33 所示。用户可以在此调整【回收站】所占硬盘空间的百分比，如果你的硬盘空间较大，并想尽可能多地恢复以前删除的文件，就可以把这个比值调大一点。如果计算机上有多个硬盘或多个逻辑分区，Win 10 会为每个硬盘或硬盘分区分配一个回收站。选中【独立配置驱动器】选项，可以对计算机各个硬盘驱动器的【回收站】空间大小单独进行设置。

回收站中保存了上一次清空以后被删除的文件或文件夹，它们会占用一部分硬盘空间，一般应定期将回收站中不需要保留的文件或文件夹清除或将回收站清空。

清除回收站中文件或文件夹和清空回收站操作步骤如下：

图 2-2-33 【回收站属性】对话框

(1)双击回收站图标,打开回收站窗口。

(2)如果要清除回收站中部分文件或文件夹,则应先选择要清除的文件或文件夹,然后按键盘上的【Delete】键,在出现的确认提示框中选择【是】按钮。如果要清除回收站中所有文件或文件夹,则应选择【管理回收站工具】→【清空回收站】命令,还可以用鼠标右键单击回收站右窗格中的空白区域,在弹出的快捷菜单中选择【清空回收站】命令。

注意:从 U 盘或网络上删除的文件或文件夹将永久性地被删除,而不被送到回收站。若用键盘〈Shift + Delete〉组合键删除的文件或文件夹也是彻底地删除,而不是把它们放入回收站,因而也不能利用回收站恢复用此方式删除的文件或文件夹。

8)撤销操作

在进行文件的复制、移动、重命名、删除等操作时,有时可能出现错误操作,这就需要立即将错误的操作撤销。

撤销错误操作方法是:选择【编辑】→【撤销】命令。

通常状态下,【撤销】选项处于灰色未被激活状态,只有在进行文件或文件夹的某项操作后,才将被激活,而且随着操作的不同,显示不同的命令形式。比如,删除某一文件夹以后,【撤销】选项变成【撤销删除】,单击此选项可以撤销前面删除的文件或文件夹。当【撤销】命令有效时,〈Ctrl + Z〉组合键可以代替【编辑】菜单中的【撤销】命令。

9)查看文件特性和修改文件属性

在 Windows 资源管理器中,用户可以方便地查看文件和文件夹的属性,并且对它们进行修改。

文件或文件夹包含三种属性:只读、隐藏和存档。若将文件或文件夹设置为"只读"属性,则该文件或文件夹不允许更改和删除;若将文件或文件夹设置为"隐藏"属性,则该文件或文件夹在常规显示中将不可见;若将文件或文件夹设置为"存档"属性,则表示该文件或文件夹已存档,有些程序用此选项来确定哪些文件需做备份。

查看或修改文件或文件夹属性的操作步骤如下:

(1)选择要查看或修改属性的文件或文件夹。

(2)选择【计算机】→【属性】命令,或者右击文件或文件夹图标,在弹出的快捷菜单中选择【属性】命令,弹出如图 2-2-34 所示的【文件属性】对话框。

(3)在【常规】选项卡中,可看到被选定的文件的信息:文件名、文件类型、所在的文件夹、大小、创建时间、最近一次修改时间、最近一次访问时间及文件属性等。

(4)在【属性】域中用两个复选框,供用户选择属性。可以为被选择文件设置属性或去掉某属性,设置为该属性时,该属性前的方框内为"√"号;去掉该属性时,再次单击该属性前的方框,去掉"√"号即可。若需要设置存档等属性,需要单击【高级】按钮,在出现的如图 2-2-35 所示的【高级属性】对话框中进行设置。

(5)修改了文件属性后,若选择【应用】按钮,不关闭对话框就可使所做的修改有效,若选择【确定】按钮,则关闭对话框才保存修改的属性。

注意:在 Win 10 中,不仅可以给文件设置属性,也可以给文件夹设置属性,设置文件夹属性与设置文件属性方法相同。

模块二 操作系统使用

图 2-2-34 【文件属性】对话框

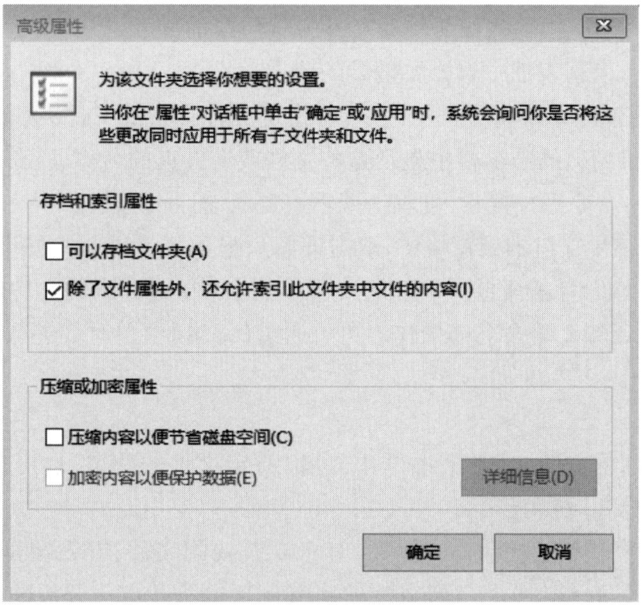

图 2-2-35 【高级属性】对话框

10）查找文件或文件夹

当要查找一个文件或文件夹时，可以选择【任务栏】→【搜索】命令，或使用【Windows 文件资源管理器】、【此电脑】窗口中的【搜索】工具按钮 搜索。然后设置搜索条件，具体操作方法如下：

（1）在任务栏上点击【搜索】命令，屏幕上将弹出【搜索结果】窗口，在【您要查找什么】任务窗格中单击【所有文件和文件夹】命令后，屏幕上将弹出【搜索结果】，如图 2-2-36、图 2-2-37 所示。

图 2-2-36　【搜索结果】窗口示例一

图 2-2-37　【搜索结果】窗口示例二

（2）在【全部或部分文件名】的文本框中输入待查找的文件或文件夹的名称，在【文件中的一个字或词组】文本框中输入该文件或文件夹中包含的文字。

（3）在左边的下拉列表框中选择要搜索的范围。

（4）单击【→】按钮，系统将会把指定磁盘，指定文件夹中的文件夹、文件查找出来，查到后，将在【搜索结果】窗口的右窗格中显示这些文件或文件夹的名称、所在文件夹、大小、类型及修改日期与时间，若要停止搜索，可单击搜索进度条的【×】按钮。

（5）在【搜索】结果窗口的右窗格中，双击搜索后显示的文件或文件夹，可以打开该文件或文件夹，并且可以通过【搜索结果】窗口中的【文件】菜单对查到的文件或文件夹进行文件的打开、打印、发送、删除、重命名等操作。也可通过【编辑】菜单对其进行剪切、复制等操作。【搜索结果】窗口如图 2-2-38 所示。

注意：

①在【全部或部分文件名】的文本框中，可以指定文件的全名，也可以输入名称的一部分，还可以使用通配符【?】和【*】。

【*】：代表任意多个任意字符。例如：对于要查找的文件，键入字符串"*.doc"，表明要查找扩展名为 doc 的所有文件。键入字符串"a*"，则查找以 a 开头的所有文件。键入字符串"a*.doc"，查找以 a 开头并且文件扩展名为 doc 的所有文件。

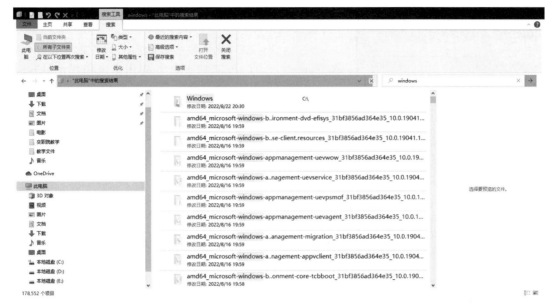

图 2-2-38 在文件资源管理器【搜索结果】窗口示例

【?】：代表单个任意字符。例如，当键入"a?.doc"时，表明要查找以 a 开头、第二个字符任意、主文件名只有两个字符、扩展名为 doc 的所有文件。

②查找时，如果不知道文件名或想细化搜索条件，可在"文件中的一个字或词组"框中输入待查找的文件中所包含的字或词组。

③如果对所查找的信息一无所知或者要进一步缩小搜索范围，可以在"搜索选项"中进一步选择"文件修改时间""大小"和"更多高级选项"等附加的搜索条件。

2.7.4 磁盘的管理与维护

1）格式化磁盘

格式化操作会删除磁盘上的所有数据，并重新创建文件分配表。格式化还可以检查磁盘上是否有坏的扇区，并将坏扇区标识出来，以后存放数据时会绕过这些坏扇区。一般新的硬盘都没有格式化过，在安装 Win 10 等操作系统时必须先对其进行分区并格式化，而用户在日常使用中基本上不需要对硬盘进行格式化，只需要对 U 盘、移动硬盘等进行格式化。

格式化磁盘操作的具体操作步骤为：

(1) 将要格式化的 U 盘或移动硬盘插入 USB 接口中。

(2) 双击桌面上的【此电脑】图标，打开【此电脑】窗口。

(3) 选择要格式化的磁盘或优盘驱动器。

(4) 右击相应的驱动器图标，在弹出的快捷菜单中选择【格式化】命令，或选择【文件】→【格式化】命令，将弹出如图 2-2-39 所示的格式化对话框。

(5) 在【文件系统】列表中选择要格式化的文件系统，一般优盘选择【FAT32】或【NTFS】，硬盘选择【NTFS】。

图 2-2-39 【格式化】对话框

(6)在【格式化选项】域中勾选或不勾选【快速格式化】复选框。

注意:快速格式化仅重建磁盘上的文件系统,删除磁盘上的所有文件,但不对磁盘上的坏扇区扫描。只有对已经格式化过,而且确认没有损伤的磁盘才能选择此项。不能对一个从未进行过格式化的磁盘选择快速格式化,也不要对有坏扇区的磁盘选择快速格式化。

(7)如果要给磁盘加卷标,可以在【卷标】框中键入所需要描述的文字。

(8)设置好其他参数后,单击【开始】按钮,屏幕上出现一个警告对话框,如图 2-2-40 所示。

(9)单击【确定】按钮,开始进行格式化。格式化完成后,弹出格式化完成对话框,单击【确定】按钮,完成格式化操作,返回【格式化】对话框,单击【关闭】按钮,结束操作。

图 2-2-40 【警告】对话框

2)磁盘维护

(1)磁盘清理。

磁盘清理的目的是释放硬盘上的空间。在进行磁盘清理时,磁盘清理程序扫描硬盘驱动器,并列出那些可以删除的文件,如已下载的程序文件、回收站里的文件、Internet 临时文件及其他临时文件。删除这些文件并不影响系统的正常运行。

磁盘清理的操作步骤是:

①选择【开始】→【windows 管理工具】→【磁盘清理】命令,打开如图 2-2-41 所示的【选择驱动器】对话框,在其中的驱动器列表框中选择要清理的磁盘,单击【确定】按钮,系统开始对选定的磁盘进行扫描,并弹出对话框显示扫描过程,扫描结束后弹出如图 2-2-42 所示的【磁盘清理】对话框。

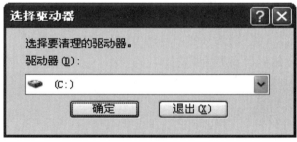

图 2-2-41 【选择驱动器】对话框

图 2-2-42 【磁盘清理】对话框

②在【磁盘清理】从【要删除的文件】列表框中选择要清理(删除)的文件,单击【确定】。若要删除 Win 10 不使用的组件或不需要的应用软件,选择【其他选项】标签选项,进行清理操作。

(2)磁盘碎片的整理。

计算机系统在长时间的使用之后,由于反复删除、安装应用程序等操作,磁盘可能会被分割成许多"碎片",用户会感觉计算机的运行速度越来越慢。可以通过系统提供的"磁盘碎片整理"功能,改善磁盘的性能。磁盘碎片整理的操作方法如下:

①打开桌面点击【此电脑】。

②找到硬盘盘符,比如点击 D 盘。

③点击上面菜单栏中的【管理】,再点击【优化】,如图 2-2-43 所示。

④选择一个磁盘,比如 D 盘,点击【优化】,如图 2-2-44 所示。

若需要查看分析报告,则单击【查看报告】按钮,打开【分析报告】对话框,对磁盘整理情况进行分析。

分析完成后,【分析显示】区域用不同颜色的小块表示磁盘整理的不同状态,其中红色小块表示带有磁盘碎片的文件,蓝色小块表示是连续的文件(即没有碎片),白色小块表示是磁盘的自由空间,绿色小块表示此处是系统文件(不能整理和移动)。

⑤进行磁盘碎片整理。

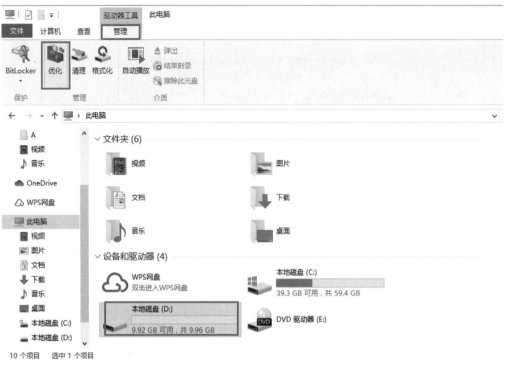

图 2-2-43 【磁盘碎片整理程序】窗口

图 2-2-44 碎片整理

2.8 系统资源管理

随着计算机功能越来越强大,系统使用的设备也越来越多,如何有效地管理好这些设备是 Win 10 的又一重要任务。Win 10 为用户提供了一个强大的系统资源管理工具:设置。通过"设置",用户可以轻松地完成诸如添加新硬件、添加或删除程序、管理系统硬件、安装和管理打印机、进行用户和计算机安全管理等操作,按照自己的方式对计算机的键盘、鼠标、显示器、声音和音频设备等进行各种设置,使之适应自身的需要。

2.8.1 设置面板的启动

"设置面板"是整个计算机系统的功能控制和系统配置中心,在 Win 10 中,绝大部分系统任务,都可以从"设置面板"开始。打开控制面板方法:

(1)在【开始】菜单中选择【设置】命令,即可打开【设置】窗口,如图 2-2-45 所示。

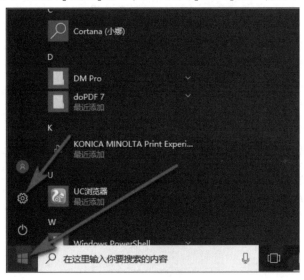

图 2-2-45　打开【设置面板】

(2)打开【设置面板】时,将看到如图 2-2-46 所示的【设置面板】分类视图,其中只有最常用的项目,这些项目按照分类进行组织。要在视图中打开某个项目,可以单击该项目的图标。

2.8.2 鼠标和键盘的设置

1)键盘环境设置

(1)打开计算机,点击【开始】,然后点击【设置】,如图 2-2-47 所示。

(2)点击【轻松使用】,如图 2-2-48 所示。

(3)点击【键盘】,如图 2-2-49 所示。

(4)在界面的右边,便会有键盘方面的相关设置,根据需求进行设置即可。如图 2-2-50 所示。

设置

图 2-2-46 【设置面板经典视图】窗口

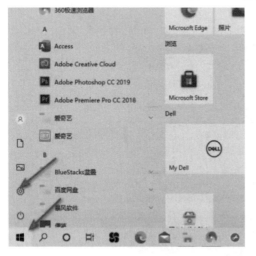

图 2-2-47 打开【设置】　　　　　图 2-2-48 点击【轻松使用】

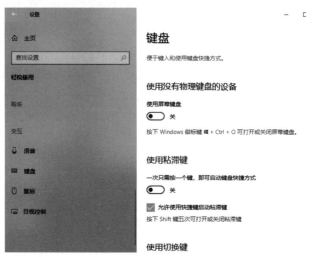

图 2-2-49 点击【键盘】　　　　　图 2-2-50 进行设置

2)鼠标环境设置

(1)点击【开始】→【设置】,如图 2-2-51 所示。

图 2-2-51　找到【设置】

(2)点击【设备】,如图 2-2-52 所示。

(3)点击【鼠标】,如图 2-2-53 所示。

(4)在这个界面就可以设置鼠标。设置内容包括设置主按钮、滚轮滚动的幅度以及非活动窗口支持滚动等内容,如图 2-2-54 所示。

2.8.3　应用程序管理

计算机上只装有操作系统是不能满足用户的需求的,还要安装一系列的应用软件。管理这些程序,可以在 Windows【设置】里完成。

1)删除程序

Win 10 提供的删除程序工具,使用户能够更好地管理安装在计算机上的应用程序和组件。

信息技术（基础模块）

图 2-2-52　点击【设备】

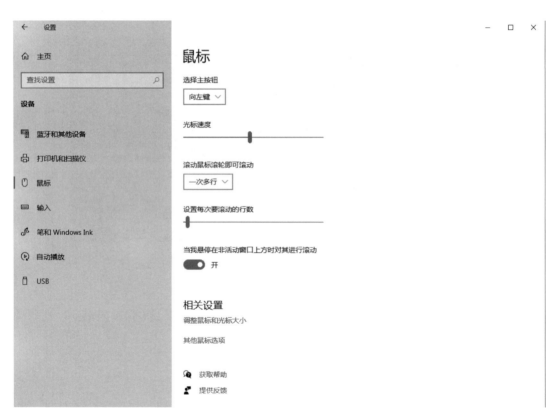

图 2-2-53　点击【鼠标】

模块二 操作系统使用

图 2-2-54　进行键盘设置

单击【开始】→【设置】打开 Windows 设置面板，点击【应用】，如图 2-2-55 所示；点击应用和功能，选择某一程序后，点击卸载，就删除了程序，如图 2-2-56 所示。

图 2-2-55　点击【应用】

信息技术（基础模块）

图 2-2-56　【删除程序】窗口

2）管理启动应用

在设置面板的应用中，点击【启动】，如图 2-2-57 所示。

图 2-2-57　点击【启动】

找到不需要开机启动的程序,将开关点击到"关",如图 2-2-58 所示。

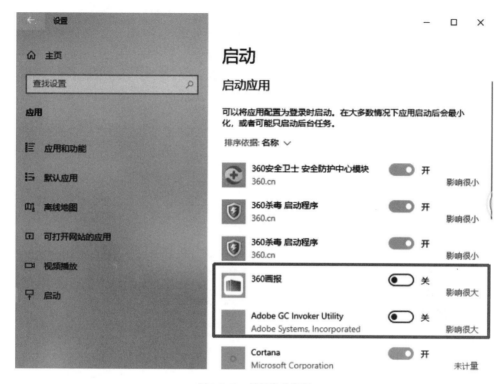

图 2-2-58　关闭启动程序

2.8.4　用户管理

Win 10 中允许多用户登录,不同的用户可以使用同一台计算机而进行个性化设置,各用户在使用公共系统资源的同时,可以设置富有个性的工作空间,而且互不干扰,确保计算机系统的安全。

1)认识多用户类型

为了保障系统安全与用户的隐私,Win 10 的用户账户可以划分用户的权限。

"计算机管理员"类型的账户可以存取所有文件(用户加密的除外)、安装程序、更改系统设置、添加与删除账户;"受限"类型的账户却无法做到这些但依旧可以执行程序,进行一般的计算机操作。

在安装过程中第一次启动 Win 10 时所建立的账户都属于"计算机管理员"类型。另外还有一种"来宾账户"类型,其账户名为 Guest,其权限比"受限"账户还要小,无法安装软件或硬件,无法更改来宾账户类型,但可以访问已经安装在计算机上的程序,可以更改来宾账户图片,考虑到安全性,一般不开启 Guest 账户。

2)创建帐户

(1)创建本地用户账户。

选择【开始】→【设置】→【账户】,然后选择【家庭和其他用户】(在某些版本的 Windows

操作系统中,你将看到【其他用户】)。

选择【将其他人添加到这台电脑】。

选择【我没有此人的登录信息】,然后在下一页上选择【添加一个没有 Microsoft 账户的用户】。

输入用户名、密码和密码提示,或选择安全问题,然后选择【下一步】。

打开【设置】并创建另一个账户,具体步骤如图 2-2-59 所示。

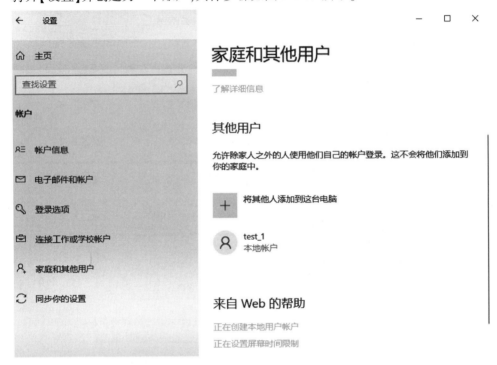

图 2-2-59　创建新账户步骤

(2)将本地用户账户更改为管理员账户。

选择【开始】→【设置】→【账户】。

在【家庭和其他用户】下,选择账户所有者名称(你应会在名称下方看到【本地账户】),然后选择【更改账户类型】。

注意:如果你选择的账户显示电子邮件地址或未显示【本地账户】,则表明你正将管理员权限授予 Microsoft 账户(而非本地账户)。

在【账户类型】下,选择【管理员】,然后选择【确定】。

使用新管理员账户登录。

具体步骤如图 2-2-60 所示。

3)管理账户

进入设置页面,在左侧的栏中点击箭头所指的【登录选项】来进行设置。

进入【登录选项】如图 2-2-61 所示的页面,我们可以在图 2-2-62 中进行相关的设置操作。

图 2-2-60　更改账户类型

下拉找到关于密码的操作设置,点击箭头所指的更改,根据提示就可以修改密码,如图 2-2-63 所示。

2.8.5　日期和时间的调整

如果系统时间和日期不正确,需要把它们调整过来,调整方法如下:

双击任务栏上的数字时钟,或者选择【开始】→【设置】→【时间和语言】。

在【日期】选项组的【月份】下拉列表框中选取月份;在【年份】文本框中输入相应的数字或按增减按钮,可调整年份数值;在【日历】列表框中直接选择相应的日期,系统以蓝色反白显示选择的日期;在【时间】文本框中可输入或调节准确的时间。【日期和时间】对话框如图 2-2-64 所示。设置完成后关闭窗口。

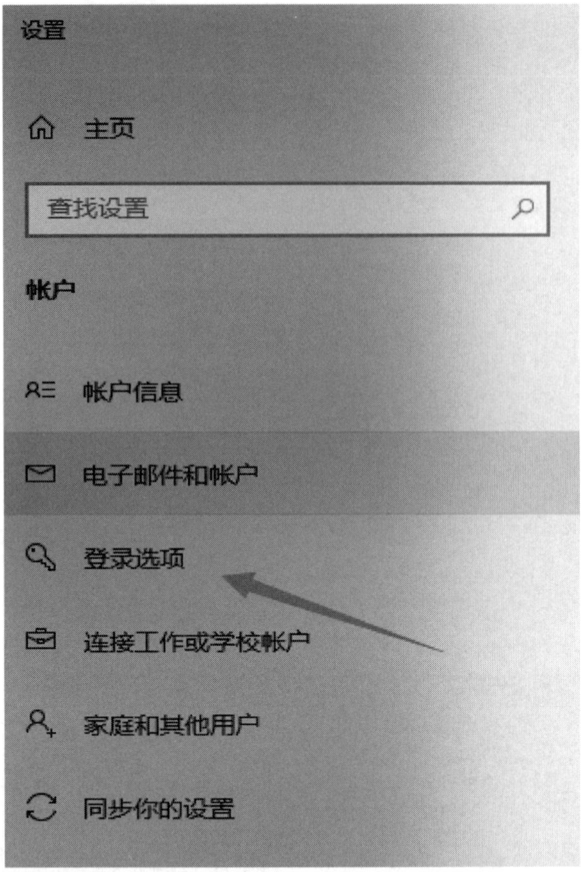

图 2-2-61　点击【登录选项】

图 2-2-62　设置【登陆选项】

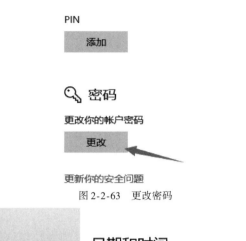

图 2-2-63　更改密码

图 2-2-64　【日期和时间】对话框

2.9　汉字输入方法

输入法即输入文字的方法。对中文用户来说,输入法分为英文输入法和中文输入法。Win 10 默认的输入法是英文输入法,如果要输入汉字,则需借助中文输入法。常用的中文输入法有全拼输入法、双拼输入法、智能 ABC 输入法、微软拼音输入法、紫光拼音输入法、搜狗输入法、郑码输入法、五笔字型输入法等。

2.9.1　输入法的切换

输入法之间的切换很简单,单击【任务栏】右侧的输入法图标,在弹出的菜单中选择相应的输入法即可,按〈Ctrl + Shift〉组合键可在英文及各种中文输入法之间进行切换,按〈Ctrl + Space〉组合键可在选定的中文输入法和英文输入法之间进行切换。

2.9.2 汉字输入法状态的设置

切换至所需的输入法后,会在桌面上弹出该输入法的状态条(英文输入法除外)。不同的输入法,其对应的状态条也不尽相同,但其中英文切换、全半角切换等常规操作大致相同。下面以搜狗拼音输入法为例进行介绍,选择该输入法后弹出状态条如图 2-2-65 所示。

下面介绍输入法状态条中各图标的含义。

图 2-2-65 输入法状态条

(1)【中/英文切换】按钮中:单击该按钮可在中、英文输入法状态之间进行切换。该按钮显示为中时,表示当前为中文输入状态;显示为英时,则表示当前为英文输入状态。

对于搜狗输入法,中、英文状态之间的切换也可以按【Shift】键。

(2)【全角/半角切换】按钮：单击该按钮可切换全、半角输入状态。当显示为 ☽ 时,表示当前处于半角输入状态;当显示为 ● 时,表示当前处于全角输入状态。

注意:在全角状态下输入的字母、字符和数字均占一个汉字的位置;在半角状态下输入的字母、字符和数字则只占半个汉字的位置。

(3)【中/英文标点切换】按钮：单击该按钮可在中、英文标点输入状态之间进行切换。当显示为 。, 时,表示当前处于中文标点输入状态;当显示为 . , 时,表示当前处于英文标点输入状态。

(4)【软键盘开/关切换】按钮：单击该按钮,弹出【特殊符号】和【软键盘】菜单,如图 2-2-66 所示。

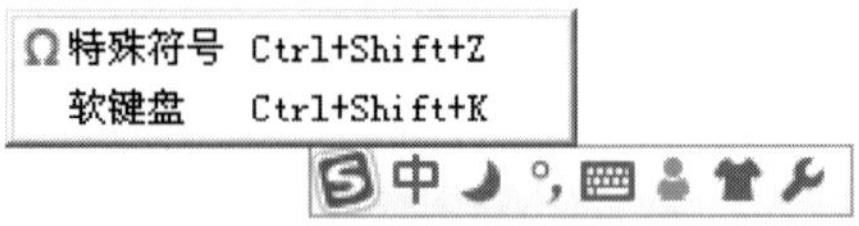

① 选择【特殊符号】命令,则打开【搜狗拼音输入法快捷输入】对话框,如图 2-2-67 所示。如果在该对话框左侧列表中选择【特殊符号】,并在其右侧的列表中选择相应的符号类别,如【标点符号】、【数字序号】、【特殊符号】等,则在右侧列表中即显示相应的符号,鼠标单击要输入的符号即可在插入点插入该符号。

图 2-2-66 软键盘开/关切换

图 2-2-67 搜狗输入法快捷输入

②择【软键盘】命令,则弹出如图 2-2-68 所示的"软键盘"。

③点击软键盘按钮,则弹出【特殊符号】快捷菜单,如图 2-2-69 所示。单击相应"特性符号类别",如【希腊字母】,则打开"希腊字母"软键盘,如图 2-2-70 所示。

图 2-2-68　输入法软键盘

图 2-2-69　【特殊符号】快捷菜单　　　图 2-2-70　【希腊字母】软键盘

(5)【菜单】按钮：单击即可打开输入法菜单,如图 2-2-71 所示。通过菜单,可以进行【设置属性】、【更换皮肤】、输入【表情 & 符号】等操作。

2.9.3　输入法的删除与安装

Win 10 操作系统默认自带了输入法,而且排序靠前,如图 2-2-72 所示。

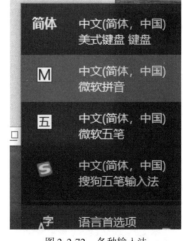

图 2-2-71　【菜单】列表　　　图 2-2-72　各种输入法

在桌面右下角点击输入法图标,然后点击【语言首选项】,如图 2-2-73 所示。

在打开的设置界面中,可以看到如图 2-2-74 所示语言有一个"中文(中华人民共和国)"点击【选项】,打开如图 2-2-75 所示窗口。

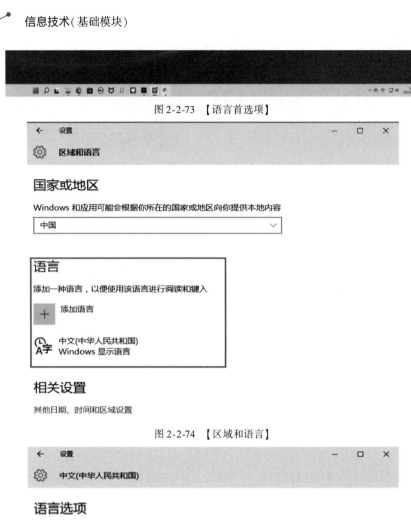

图 2-2-73 【语言首选项】

图 2-2-74 【区域和语言】

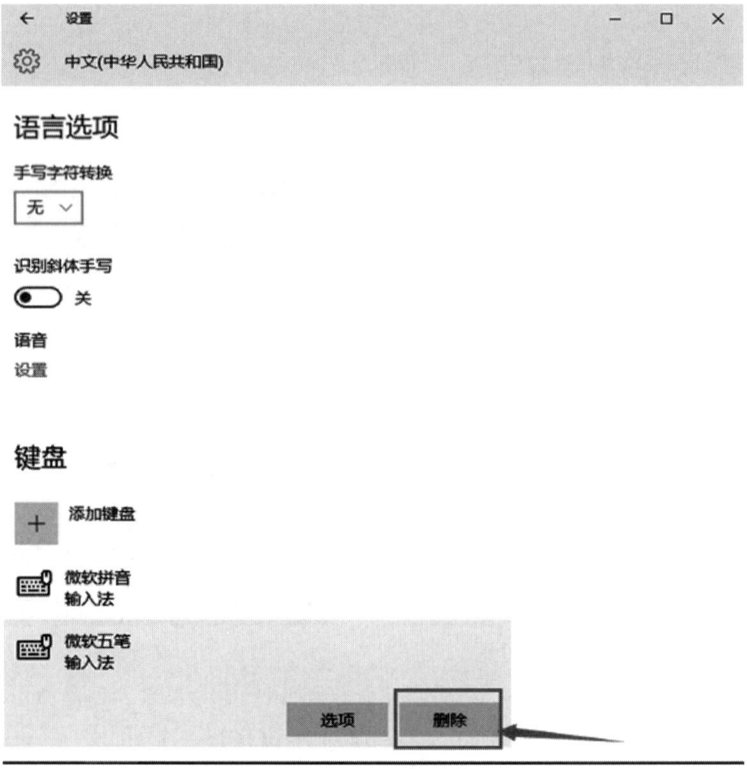

图 2-2-75 删除输入法

在键盘设置界面左侧可以看到计算机上已经打开的输入法,选中不需要的输入法,再点击删除,即可删除此输入法。

如果要添加输入,点击添加键盘选中要添加的输入法即可,如图 2-2-76 所示。

图 2-2-76　添加输入法

如果在添加时没有可选的输入法,需要在计算机上安装此输入法,百度一下"某拼音输入法"然后下载安装,如图 2-2-77 所示。安装好后参照上面的操作步骤再添加。

图 2-2-77　查找输入法

任务3　个性化设置

学习目标

掌握 Windows 操作系统的基本设置。
掌握 Windows 操作系统的基本文件管理。
掌握 Windows 操作系统的资源管理。

知识点

桌面管理，文件管理，资源管理。

3.1　实训操作1——系统基本操作

3.1.1　鼠标的基本操作及菜单的选取

(1)双击桌面上的【此电脑】图标,打开【此电脑】窗口。

(2)单击 C 盘的图标,则 C 盘的图标呈反色显示状态,表示被选定。

(3)在 D 盘的图标上单击鼠标右键,在弹出的快捷菜单中选择【属性】命令,打开属性对话框。了解该窗口的各项内容。单击关闭按钮⊠,关闭该对话框。

(4)执行【查看】→【列表】命令,观察执行命令后图标的变化情况。

(5)执行【查看】→【排序方式】→【按日期】菜单命令。观察执行命令操作后图标的排列情况。

3.1.2　窗口的基本操作

(1)改变窗口的大小:在窗口处于非最大化状态时,将鼠标指针移到窗口的角上或边上,当鼠标指针呈双向箭头形状时,按下左键后拖动鼠标,当窗口大小适当时,释放鼠标左键。

(2)移动窗口位置:在窗口处于非最大化状态时,将鼠标指针移到窗口的标题栏上,按下鼠标左键,拖动窗口到屏幕的其他地方,然后释放鼠标键。

(3)单击标题栏右侧最大化按钮▭,使窗口最大化。再单击还原按钮▭,使窗口还原。单击最小化按钮▭,使窗口最小化为任务栏上的一个按钮,再单击任务栏上该按钮,则窗口还原;单击关闭按钮⊠,关闭窗口。

(4)用鼠标右键单击桌面上【此电脑】图标,在弹出的快捷菜单中选择【打开】命令,打开【此电脑】应用程序窗口。

(5)用鼠标左键双击【回收站】图标,打开【回收站】窗口。再双击【此文档】图标,打开【此文档】窗口。观察到当前活动窗口为【此文档】窗口。

(6)切换活动窗口:单击【此电脑】窗口可见的部分,则【此电脑】切换为当前窗口。

(7)按照上述方法,切换【回收站】窗口为当前活动窗口。

3.1.3 对话框的基本操作

(1)切换【此电脑】窗口为当前活动窗口。在【此电脑】窗口中执行【查看】→【选项】菜单命令,打开【文件夹选项】对话框。

(2)在【常规】选项卡中的【浏览文件夹】选项组中选取【在不同窗口中打开不同的文件夹】。

(3)单击【查看】选项卡标签,切换到【查看】选项卡中,在【高级设置】中利用滚动条滚动显示内容,并将【显示所有文件及文件夹】、【隐藏已知文件类型的扩展名】选项选定。

(4)关闭所有窗口。

3.1.4 美化 Win 10 桌面

(1)在桌面空白处单击鼠标右键,弹出快捷菜单。

(2)选择【个性化】命令,打开对话框。

(3)在【主题】选项卡中列表框中选择一项,如:"Windows"作为主题,单击【应用】按钮,观察桌面背景以及窗口的变换。

(4)在【背景】选项卡中的列表框中选择一项,如:第三张图片作为背景图片,单击【应用】按钮,观察桌面背景的变换。

(5)在【锁屏界面】选项卡中点击【屏幕保护程序设置】,在屏幕保护程序列表框中选择一项如:"3D 文字"作为屏幕保护程序,单击【预览】按钮,观察屏幕保护程序的效果。

(6)单击【确定】按钮,退出屏保对话框。

3.1.5 桌面快捷图标的创建、删除与排列

(1)利用【开始】菜单在桌面上建立【WPS OFFICE】的快捷方式。

操作步骤:单击【开始】菜单,单击【所有应用】→【WPS OFFICE】,将【WPS OFFICE】,直接拖到桌面上,即可在桌面上创建。

(2)删除桌面上已经建立的"WPS OFFICE"图标。

提示:右键单击"WPS OFFICE"图标,快捷菜单中选择【删除】命令,在提示对话框中,选择【是】,即可把"WPS OFFICE"图标放入回收站。

(3)排列桌面图标。

操作步骤:在桌面空白处单击鼠标右键,在弹出的快捷菜单中执行【排序方式】→【名称】命令,观察桌面图标的排列变化情况;按照上述方式,再选取其他的排列方式,再观察桌面图标的排列变化。

3.1.6 利用任务栏切换窗口、排列窗口

(1)在桌面上双击【此电脑】图标打开【此电脑】窗口;在【网络】图标上双击打开【网络】

窗口;再在【回收站】图标上单击鼠标右键,在弹出的快捷菜单中选择【打开】,打开【回收站】窗口。此时当前活动窗口为【回收站】窗口。

(2)在任务栏上单击【此电脑】窗口对应的按钮,则当前活动窗口切换为【此电脑】窗口。

(3)在任务栏上单击【网络】窗口对应的按钮,则【网络】窗口切换为当前活动窗口。

(4)在任务栏的空白处单击鼠标右键,在弹出的快捷菜单中,执行【层叠窗口】命令,观察桌面窗口的排列情况。再按上述方法分别选择【堆叠显示窗口】和【并排显示窗口】命令项,观察桌面窗口的排列情况。

3.1.7 任务栏的设置(注意要先取消"固定任务栏")

(1)将任务栏移到桌面(屏幕)的上、下、左、右边缘,再将任务栏移回原处。

操作步骤:将鼠标指针指向任务栏的空白处,用"拖曳"操作将任务栏移到指定的位置。

(2)将任务栏变宽或变窄。

操作步骤:将鼠标指针指向任务栏的上边缘。当指针变为双向箭头↕时,拖曳它即可更改任务栏的宽度。

(3)取消任务栏上的时钟并设置任务栏为自动隐藏。

操作步骤:右击任务栏上的空白区域,在快捷菜单选择【任务栏设置】命令,打开【任务栏和「开始」菜单属性】对话框。在【任务栏】选项卡中,关闭对应的选项。

(4)在任务栏上显示或隐藏"快速启动"工具栏、调整工具栏大小。

操作步骤:右击任务栏上的空白区域,指向快捷菜单中的选择【工具栏】→【快速启动】,取消或标记文字提示前的"√"。通过指向任务栏上工具栏左边的垂直线,鼠标指针变成↔,按住左键不放,然后左右拖动,可以调整工具栏的大小,或将它移动到任务栏上的其他位置。

(5)添加或删除【此电脑】图标到任务栏。

操作步骤:用鼠标拖动桌面上【此电脑】图标,至任务栏的快速启动区,然后释放鼠标,即可将【此电脑】图标添加到快速启动区,单击该按钮,则可快速打开【此电脑】窗口。

用鼠标右键单击快速启动栏【此电脑】图标按钮,在弹出的快捷菜单中选择【从任务栏上取消固定】命令,则可将该按钮从快速启动栏上删除。

3.1.8 退出 Windows 操作系统

依次单击【开始】→【关闭计算机】,打开【关闭计算机】对话框,单击【关闭】按钮,则系统关闭退出。

【思考练习题】

(1)重新启动 Windows 操作系统。

(2)观察标题栏,找出窗口与对话框的区别。

(3)活动窗口的特点是什么?练习活动窗口的切换。

(4)窗口的【最大化】按钮和【还原】按钮可以同时出现吗?

(5)打开【此电脑】窗口,在【查看】菜单中,设置查看方式为"详细资料"。

(6)打开【网络】窗口,实现窗口的最大化、还原、最小化、改变窗口大小及位置等操作。

(7)打开【文件夹选项】对话框,将各项设置重新设置为上述实验操作之前的设置。

(8)设置一个自己喜欢的桌面背景。

(9)打开【此电脑】窗口和【网络】窗口,利用任务栏切换当前活动窗口,并将桌面上的窗口并排显示排列。

(10)将任务栏自动隐藏状态取消,并让时钟显示出现在任务栏的右侧。

(11)将 C 盘图标添加到任务栏的快速启动区。

(12)退出 Windows 操作系统,关闭计算机。

3.2 实训操作2——文件资源管理

3.2.1 建立文件及文件夹之一

在 D 盘根目录建立如图 2-3-1 所示的文件和文件夹。

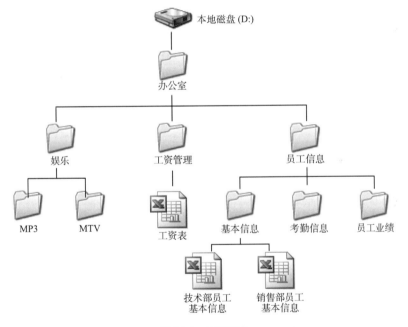

图 2-3-1　目录结构

操作步骤:

(1)建立"办公室"文件夹。

①双击桌面上【此电脑】图标,在【此电脑】窗口中双击 D 盘驱动器,打开 D 盘窗口。

②在 D 盘窗口空白处,单击鼠标右键,在弹出的快捷菜单中,执行【新建】→【文件夹】命令。

③在 D 盘窗口中增加了一个新建的文件夹,输入文件夹的名称"办公室"后按【Enter】键确认。

(2)在"办公室"文件夹下建立"娱乐""工资管理""员工信息"3 个文件夹。

①双击"办公室"文件夹图标,打开"办公室"文件夹窗口。
②重复(1)的步骤②、③,输入文件夹名称"娱乐",并按【Enter】键确认。
③重复(1)的步骤②、③,输入文件夹名称"工资管理",并按【Enter】键确认。
④重复(1)的步骤②、③,输入文件夹名称"员工信息",并按【Enter】键确认。
(3)在"娱乐"文件夹下建立"MP3""MTV"两个文件夹。
①双击"娱乐"文件夹图标,打开"娱乐"文件夹窗口。
②重复(1)的步骤②、③,输入文件夹名称"MP3"并按【Enter】键确认。
③重复(1)的步骤②、③,输入文件夹名称"MTV"并按【Enter】键确认。
(4)在"工资管理"文件夹下建立"工资表.xls"文件。
①单击向上图标 ,返回"办公室"文件夹窗口,双击"工资管理"文件夹。
②在该窗口单击鼠标右键,在弹出的快捷菜单中执行【新建】→【Excel 工作表】命令。
③在窗口中新增一个新建的 Excel 文件,输入文件名"工资表.xls"并按【Enter】键确认。
(5)在"员工信息"文件夹下建立"基本信息""考勤信息""员工业绩"3 个文件夹。
①单击向上图标 ,返回"办公室"文件夹窗口,双击"员工信息"文件夹。
②重复(1)的步骤②、③,输入文件夹名称"基本信息"并按【Enter】键确认。
③重复(1)的步骤②、③,输入文件夹名称"考勤信息"并按【Enter】键确认。
④重复(1)的步骤②、③,输入文件夹名称"员工业绩"并按【Enter】键确认。
(6)在"员工基本信息"文件夹下建立"技术部员工基本信息.xls"和"销售部员工信息.xls"2 个文件。
①双击"员工基本信息"文件夹,进入"员工基本信息"文件夹窗口。
②重复(4)的步骤②、③,输入文件名"技术部员工基本信息.xls"并按【Enter】键确认。
③重复(4)的步骤②、③,输入文件名"销售部员工基本信息.xls"并按【Enter】键确认。
(7)单击关闭 按钮,关闭所有打开的窗口。

3.2.2 建立文件夹之二

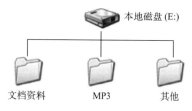

图 2-3-2 文件夹

在 E 盘根目录建立如图 2-3-2 所示的文件夹。
操作步骤:具体操作参照上述步骤。

3.2.3 文件复制

将 D 盘上的文件"工资表.xls"复制到 E 盘"文档资料"文件夹中,并更名为"2023 年 1 月工资.xls"。

操作步骤:

①桌面上双击【此电脑】→【本地磁盘 D:】→【办公室】→【工资管理】,进入【工资管理】文件夹窗口。
②在"工资表.xls"文件图标上,单击鼠标右键,弹出的快捷菜单中,执行【复制】命令。
③参照步骤①进入目标文件夹"文档资料",单击鼠标右键,弹出的快捷菜单中,执行

【粘贴】命令,则在"文档资料"文件夹中即可建立"工资表.xls"文件的副本。

④在"工资表.xls"文件图标上,单击鼠标右键,弹出的快捷菜单中,执行【重命名】命令,此时文件名处于编辑状态,输入文件名"2023年1月员工工资表.xls"并按【Enter】键确认。

3.2.4　文件更名

将D盘"员工信息"文件夹更名为"Information"。

3.2.5　建立快捷方式

在桌面上建立"工资管理"的快捷方式,以方便管理。
操作步骤:
①找到"工资管理"文件夹。
②在"工资管理"文件夹上单击鼠标右键,在弹出的快捷菜单中,依次执行【发送到】→【桌面快捷方式】命令。这样在桌面上便建立了"工资管理"的快捷方式。

3.2.6　隐藏文件夹

为防止公司工资秘密泄露,将D盘"工资管理"文件夹隐藏。
操作步骤:在"工资管理"文件夹上单击鼠标右键,在弹出的快捷菜单中,执行【属性】命令,打开【工资管理属性】对话框,在该对话框中选中【隐藏】属性,单击【确定】按钮即可。

3.2.7　隐藏或显示文件的护扩展名

隐藏或显示Win 10中所有文件的扩展名。
在【此电脑】窗口或别的文件夹窗口中,在菜单栏单击【查看】→【选项】,在弹出的【文件夹选项】对话框中,单击【查看】选项卡,在该选项卡中对【隐藏文件和文件夹】选项进行设置。

3.2.8　搜索文件

搜索磁盘中所有扩展名为xlsx的文件。
操作步骤:在【此电脑】窗口中,单击常用工具栏【搜索】命令,在左侧窗格【要搜索的文件或文件夹名为】下面填入"＊.xlsx",然后单击【立即搜索】命令。搜索完成后,在右侧窗格中会显示搜索到的文件。

【思考练习题】
(1)快捷方式和实际的文件和文件夹含义的差别是什么?
(2)在E盘根目录下创建一个文件夹,用自己的学号和姓名命名,例如"202204030101张三",在"202204030101张三"文件夹下创建三个名为"作业_英语.doc""作业_数学.doc"和"作业_计算机.doc"的空文本文档,将文件"作业_英语.doc"设置属性为"隐藏"。复制文件夹"202204030101张三"到D盘,并将它更名为"202204030101张三_备份"。

(3) 在桌面上为"202204030101 张三"文件夹建立一个快捷方式。

3.3 实训操作 3——系统资源管理

3.3.1 桌面的设置

(1) 查看、设置屏幕分辨率:在【设置】中双击【显示】图标,点击【屏幕】,在【屏幕分辨率】下,拖动滑块,分别设置为:800×600 像素、1024×768 像素等,体会实际效果。

(2) 设置桌面的背景:选择一幅扩展名为 bmp、gif、jpg、dib 或 htm 的图画文件作为桌面的背景。

右击桌面空白区域,执行快捷菜单中的【个性化】命令,打开对话框,点击【背景】选项卡,在列表框内选定作为桌面背景的图片文件。

(3) 设置屏幕保护程序为【3D 文字】:在【个性化】对话框中选择【锁屏界面】标签,在【屏幕保护程序】列表中选择【3D 文字】。

3.3.2 鼠标设置

根据个人喜好,进行如下鼠标设置:设置鼠标的双击速度,为指针选择不同的方案,适当调整指针速度、是否显示指针轨迹等。

操作步骤:在【设置面板】中打开【设备】对话框,在该对话框中找到鼠标的不同选项卡中完成上述设置。

3.3.3 添加和删除汉字输入法

操作步骤:

(1) 在任务栏右侧的语言栏上单击鼠标右键,在弹出的快捷菜单中选择【设置】命令,弹出【文字服务和输入语言】对话框。

(2) 在【已安装服务】列表中,选择某一已安装的输入法,单击【删除】按钮可以从系统中取消该输入法。【添加】按钮可以安装新的输入法。要求提供【微软拼音】、【智能 ABC】、【全拼】三种输入法,删除【郑码】输入法。

3.3.4 添加快速启动按钮

将桌面上【此电脑】图标添加到任务栏的快速启动栏。
操作步骤:用鼠标拖动【此电脑】图标到快速启动栏释放鼠标即可。

3.3.5 隐藏快速启动栏

隐藏任务栏中的快速启动栏;在任务较多时,将相似任务分组显示,不使用任务栏时将其隐藏。

操作步骤:在任务栏的空白处,鼠标右键,在弹出的快捷菜单中选择【任务栏设置】命令,弹出【任务栏和「开始」菜单属性】对话框,在该对话框中进行相应的设置。完成后按【确定】按钮。

3.3.6 创建新用户的账户

为本机创建一个新的用户账户,用户名自定。

操作步骤:在【设置】中打开【账户】对话框,在该对话框家庭和其他用户,单击【将其他人添加到这台电脑】,按照提示创建账户。

【思考练习题】

(1)设置屏幕分辨率大小时,考虑屏幕大小,是否为宽屏?
(2)练习将搜狗输入法设置为默认中文输入法。
(3)将常用应用软件添加至快速启动栏中。

本模块习题

1. 文件名使用通配符的作用是( )。
   A. 减少文件名所占用的磁盘空间　　B. 便于一次处理多个文件
   C. 便于文件命名　　　　　　　　　D. 便于保存文件
2. 在文件夹中,用鼠标配合【Shift】键分别单击第一、第三个文件,则选中了( )个文件。
   A. 1　　　　　　B. 2　　　　　　C. 3　　　　　　D. 4
3. Windows 操作系统中的"剪贴板"是( )。
   A. 硬盘中的一块区域　　　　　　　B. 软盘中的一块区域
   C. 高速缓存中的一块区域　　　　　D. 内存中的一块区域
4. 在 Windows 操作系统默认环境中,能将选定的文档放入剪贴板中的组合键是( )。
   A.〈Ctrl + V〉　　B.〈Ctrl + Z〉　　C.〈Ctrl + X〉　　D.〈Ctrl + A〉
5. 若要将剪贴板中的信息粘贴到某个文档中,应按( )组合键。
   A.〈Ctrl + V〉　　B.〈Ctrl + Z〉　　C.〈Ctrl + X〉　　D.〈Ctrl + A〉
6. Windows 操作系统中的窗口和对话框比较,窗口可移动和改变大小,而对话框( )。
   A. 既不能移动,也不能改变大小　　B. 既能移动,也能改变大小
   C. 仅可以改变大小,不能移动　　　D. 仅可以移动,不能改变大小
7. 在 Windows 环境下,要在不同的应用程序及其窗口之间进行切换,应按( )组合键。
   A.〈Ctrl + Shift〉　B.〈Alt + Tab〉　　C.〈Ctrl + Tab〉　　D.〈Alt + Shift〉
8. 在 Windows 操作系统中,搜索文件时可使用通配符"＊",其含义是( )。
   A. 匹配任意多个字符　　　　　　　B. 匹配任意一个字符
   C. 匹配任意两个字符　　　　　　　D. 匹配任意三个字符

9. 在 Windows 的"资源管理器"窗口中,其左部窗口中显示的是(　　)。
   A. 当前打开的文件夹的内容　　　　B. 系统的目录树结构
   C. 当前打开的文件夹名称及内容　　D. 当前打开的文件夹名称

10. 在 Windows 的窗口中,选中末尾带有省略号(…)的菜单意味着(　　)。
    A. 将弹出下一级菜单　　　　　　　B. 将执行该菜单命令
    C. 表明该菜单项已被选用　　　　　D. 将弹出一个对话框

11. 在计算机操作系统中,(　　)被称为文本文件或 ASCII 文件。
    A. 以 txt 为扩展名的文件　　　　　B. 以 com 为扩展名的文件
    C. 以 exe 为扩展名的文件　　　　　D. 以 doc 为扩展名的文件

12. 在正常状态下,当鼠标的右键点击一个对象的时候,会(　　)。
    A. 弹出该对象的快捷菜单　　　　　B. 打开该对象
    C. 关闭该对象　　　　　　　　　　D. 没有任何特殊反应

13. Windows 操作系统中,用鼠标左键单击某应用程序窗口的最小化按钮,该应用程序处于(　　)的状态。
    A. 不确定　　　　　　　　　　　　B. 被强制关闭
    C. 被暂时挂起　　　　　　　　　　D. 在后台继续运行

14. 下列哪种方式不能关闭当前窗口？(　　)
    A. 标题栏上的"关闭"按钮　　　　　B. "文件"菜单中的"退出"
    C. 按〈Alt + F4〉快捷键　　　　　　D. 按〈Alt + Esc〉快捷键

15. 在桌面上要移动任何 Windows 窗口,可以用鼠标指针拖动该窗口的(　　)。
    A. 标题栏　　　B. 边框　　　C. 滚动条　　　D. 控制菜单框

16. 在资源管理器的左窗格中,文件夹图标左侧有"▶"时,表示(　　)。
    A. 该文件夹有隐含文件　　　　　　B. 该文件夹为空文件夹
    C. 该文件夹有子文件夹　　　　　　D. 该文件夹有系统文件

17. 在 Windows 操作系统中,文件的扩展名通常表示文件的(　　)。
    A. 作者　　　B. 类型　　　C. 大小　　　D. 属性

18. 在应用程序菜单中,暗淡显示的命令名表示(　　)。
    A. 命令当前不能使用　　　　　　　B. 将打开对话框
    C. 此类命令正在使用　　　　　　　D. 有下级子菜单

19. 扩展名为 exe 的文件称为(　　)。
    A. 批命令文件　　　　　　　　　　B. 可执行文件
    C. 命令文件　　　　　　　　　　　D. 文本文件

20. 在 Windows 操作系统中,用鼠标左键在不同驱动器之间拖动某一对象,结果为(　　)。
    A. 移动该对象　　　　　　　　　　B. 复制该对象
    C. 删除该对象　　　　　　　　　　D. 无任何结果

模块三

互联网常识及应用

任务1 互联网常识

学习目标

了解计算机网络的概念、组成和分类;计算机与网络信息安全的概念和防控。
了解因特网网络服务的概念、原理和应用。

知识点

计算机网络的概念、组成和分类,Internet,TCP/IP,IP 地址,WWW,FTP。

1.1 计算机网络概述

计算机网络,就是把分布在不同地理区域独立的计算机通过专用网络设备,利用通信线路互联成一个规模大、功能强的网络系统,从而使众多的计算机可以方便地互相传递信息,共享硬件、软件、数据信息等资源。通俗来说,网络就是通过电缆、电话线、无线通信等互联的计算机的集合。

计算机网络主要功能包括资源共享、网络通信、集中管理、分布式处理;其中资源共享中的资源包括:

(1)硬件资源:各种类型的计算机、大容量存储设备、计算机外部设备。

(2)软件资源:包括各种应用软件、工具软件、语言处理程序、数据库管理系统等。

(3)数据资源:包括数据库文件、数据库、办公文档资料、企业报表等。

(4)信道资源:通信信道可以理解为光、电信号的传输介质。通信信道的共享是计算机网络中最重要的共享资源之一。

网络通信是利用通信通道传输各种类型的信息,包括数据信息和图形、图像、声音、视频流等各种多媒体信息。利用网络的通信功能,可以发送电子邮件、打网络电话、举行视频会议等。

计算机网络从20世纪60年代开始发展至今,经历了从简单到复杂、从单机到多机、由终端与计算机之间的通信演变到计算机与计算机之间的直接通信的四个发展阶段。

第一代计算机网络是面向终端的计算机网络。面向终端的计算机网络又称为联机系统,建于20世纪60年代初,是第一代计算机网络。它由一台主机和若干个终端组成,较典型的有1963年美国空军建立的半自动化地面防空系统(SAGE),其结构如图3-1-1所示。在这种联机方式中,主机是网络的中心和控制者,终端(键盘和显示器)分布在各处并与主机相连,用户通过本地的终端使用远程的主机。

第二代计算机网络是以共享资源为目的的计算机通信网络。面向终端的计算机网络只能在终端和主机之间进行通信,不同的主机之间无法通信。从20世纪60年代中期开始,出现了多个主机互联的系统,可以实现计算机和计算机之间的通信。真正意义上的计算机网络应该是计算机与计算机的互联,即通过通信线路将若干个自主的计算机连接起来的系统,称为计算机-计算机网络,简称计算机通信网络。

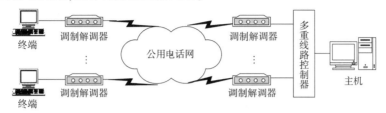

图 3-1-1　第一代计算机网络结构示意图

计算机通信网络在逻辑上可分为两大部分:通信子网和资源子网,二者合一构成以通信子网为核心,以资源共享为目的的计算机通信网络,如图 3-1-2 所示 CCP 为通信控制处理机。用户通过终端不仅可以共享与其直接相连的主机上的软、硬件资源,还可以通过通信子网共享网络中其他主机上的软硬件资源。计算机通信网的最初代表是美国国防部高级研究计划局开发的 ARPANET。

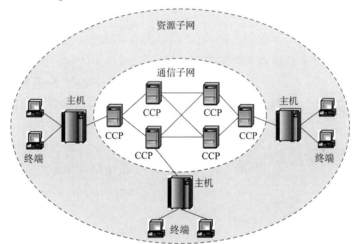

图 3-1-2　第二代计算机网络结构示意图

第三代计算机网络是建立了 OSI(开放式系统互联参考模型)和 TCP/IP(传输控制协议/网际协议)的标准化网络。

第四代计算机网络就是目前我们所使用的网络互联和高速网络,特别是 1993 年美国宣布建立国家信息基础设施(National Information Infrastructure,NII)后,全世界许多国家纷纷制订和建立本国的 NII,从而极大地推动了计算机网络技术的发展,使计算机网络进入一个崭新的阶段,这就是计算机网络互联与高速网络阶段。目前,全球以因特网(Internet)为核心的高速计算机互联网络已经形成,Internet 已经成人类最重要的、最大的知识宝库。网络互联和高速计算机网络就成为第四代计算机网络。

1.1.1　网络拓扑结构

在建立计算机网络时,要根据准备联网计算机的物理位置、链路的流量和投入的资金等因素来考虑网络所采用的布线结构。一般用拓扑方法来研究计算机网络的布线结构。最基本和常见的网络拓扑结构形式有如下几种。

1）总线型结构(Bus)

总线型结构网络采用一般分布式控制方式，各结点都挂在一条共享的总线上，如图 3-1-3 所示。采用广播方式进行通信(网络上的所有结点都可接收到同一信息)，总线型结构主要用于局域网。

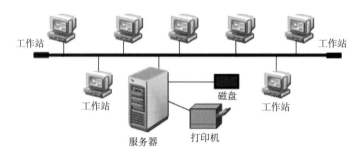

图 3-1-3　总线型结构

2）星型结构(Star)

星型结构的网络采用集中控制方式,每个结点都有一条唯一的链路和中心结点相连,结点之间的通信都要经过中心结点并由其进行控制,如图 3-1-4 所示。星型结构的特点是结构形式和控制方法比较简单,便于管理和服务;每个连接只接一个结点,若连接点发生故障,只影响一个结点,不会影响整个网络;但对中心结点的要求较高,当中心结点出现故障时会造成全网瘫痪。所以,对中心结点的可靠性和冗余度(可扩展端口)要求很高。星型结构是小型局域网常采用的一种拓扑结构。

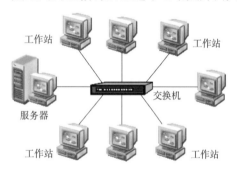

图 3-1-4　星型结构

3）树型结构(Tree)

树型结构实际上是星型结构的发展和扩充,是一种倒树型的分级结构,具有根结点和各分支结点,如图 3-1-5 所示。这种结构的特点是结构比较灵活,易于进行网络的扩展。树型结构一般是中大型局域网常采用的一种拓扑结构。

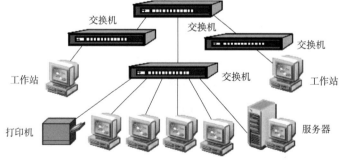

图 3-1-5　树型结构

4）环型结构（Ring）

环型拓扑为一封闭的环状，如图3-1-6所示。

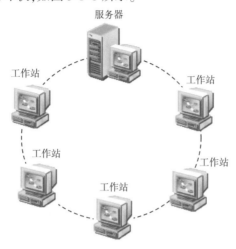

图3-1-6　环型结构

这种拓扑网络结构采用非集中控制方式，各结点之间无主从关系。环中的信息单方向地绕环传送，途经环中的所有结点并回到始发结点。仅当信息中所含的接收地址与途经结点的地址相同时，该信息才被接收，否则不予理睬。故其通信方式与总线型结构一样，也为广播方式。其特点是结构比较简单、安装方便，传输率较高，其可靠性比较差，当某一结点出现故障，会引起通信中断。

环型结构是组建大型、高速局域网的主干网常采用的拓扑结构。

5）网状结构（Mesh）

网状结构实际上是一种不规则形式，它主要用于广域网，如图3-1-7所示。

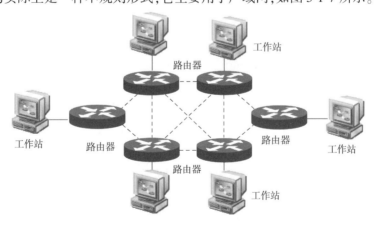

图3-1-7　网状结构

网状结构中两任意结点之间的通信线路不是唯一的，若某条通路出现故障或拥挤阻塞时，可绕道其他通路传输信息，因此它的可靠性较高，但它的成本也比较高。

该结构常用在广域网的主干网中，如我国的教育科研网CERNET、公用计算机互联网CHINANET等。

1.1.2 计算机网络的分类

计算机网络种类繁多,性能各异,可按不同的方法分类:按分布地理范围的大小分类、按网络的用途分类、按采用的传输媒体或管理技术分类等。使用最普遍的分类方法是按照网络结点分布的地理范围进行分类,可分为局域网、城域网和广域网等。

1) 局域网(Local Area Network, LAN)

局域网通常局限在较小的范围(如 1km 左右),它常分布在一栋大楼或相距不远的几栋建筑里。结构简单、可靠性好、建网容易、布局灵活、便于扩展,因此局域网技术得到了快速发展。在局域网发展的初期,一个学校或工厂往往只拥有一个局域网,但现在局域网已被广泛使用,一个学校或企业大都拥有许多个局域网。因此,又出现了校园网或企业网的名词。

2) 城域网(Metropolitan Area Network, MAN)

城域网即城市区域网,其作用范围介于广域网和局域网之间,例如作用范围是一个城市,可跨越几个街区,甚至整个城市。城域网是在一个城市内部组建的计算机信息网络,提供全市的信息服务,也可以是一种公共设施,用来将多个局域网进行互连。城域网的传送速率较高,由于城域网与局域网使用相同的体系结构,有时也常并入局域网的范围进行讨论。

3) 广域网(Wide Area Network, WAN)

广域网的涉及范围很大,可以是一个国家或洲际网络,规模十分庞大且复杂,作用范围通常为几十到几千公里,如因特网。广域网是因特网的核心部分,其任务是通过长距离(例如跨越不同的国家)传送数据。由于跨越的范围较大,传输速度较低。联入广域网的计算机属于各个单位或个人所拥有,因此,广域网属于多个用户或多个单位所共有。

1.2 因特网(Internet)

Internet 是一个基于 TCP/IP 协议的全球范围互联网络,它把世界各国、各地区、机构的数以百万计的网络、上亿台计算机连接在一起,包含了难以计数的信息资源,向全世界用户提供信息服务。

Internet 仍在高速发展,没有排他性,现存的各种网络均可与 Internet 相连,各行各业(教育科研部门、政府机关、企业及个人等)均可加入 Internet,因此 Internet 是一个理想的信息交流媒体。利用 Internet 能够快捷、方便、安全、高速地传递文字、图形、声音、视频等各种各样的信息,它代表着当代计算机体系结构发展的一个重要方向。正是由于 Internet 的成功和发展,人类社会的生活理念也正在发生着深刻的变化。

由于在 Internet 提供的各种服务或访问方式(如 ftp、http、mailto、news 等)中,均要使用到一个重要的概念:统一资源定位符 URL(Uniform Resource Locator),因此我们先讲解概念。

统一资源定位符(URL)是对可以从因特网上得到的资源的位置和访问方法的一种简洁的表示。URL 给资源的位置提供一种抽象的识别方法,并用这种方法给资源定位。只要能够对资源定位,系统就可以对资源进行各种操作,如存取、更新、替换和查找等。

上述的"资源",是指在因特网上可以被访问的任何对象,包括文件目录、文件、文档、图像、声音等，以及与因特网相连的任何形式的数据。"资源"还包括电子邮件的地址和 USERNET 新闻组，或 USERNET 新闻组中的报文。

URL 相当于一个文件名在网络范围的扩展。因此，URL 是与因特网相连的机器上的任何可访问对象的一个指针。由于对不同对象的访问方式不同(如通过 WWW、FTP 等)，所以 URL 还指出读取某个对象时所使用的访问方式。这样，URL 的一般形式如下(即由以冒号隔开的两大部分组成，并且在 URL 中不区分字符的大、小写，但标点符号必须为英文)：

〈URL 的访问方式〉://〈主机〉:〈端口〉/〈路径〉

URL 访问方式中，最常用的有三种，即 ftp(文件传送协议 FTP)、http(超文本传送协议 HTTP)和 news(USERNET 新闻)。主机一项是必须的，而端口和路径，则有时可省略。例如某学校教务系统的 URL 是 http://10.10.2.250，其中 http 是访问方式，主机地址为 10.10.2.250，端口和路径省略，默认端口为 80 端口。

1.3 TCP/IP 协议

TCP/IP 协议包含了一系列构成互联网基础的网络协议。这些协议最早发源于美国国防部的 ARPA 网项目。TCP/IP 模型也被称作 DoD 模型(Department of Defense Model)。TCP/IP 字面上代表了两个协议：TCP(传输控制协议)和 IP(网际协议)。通俗而言，TCP 负责发现传输的问题，有问题就发出信号，要求重新传输，直到所有数据安全正确地传输到目的地。而 IP 是给因特网的每一台计算机规定一个地址。从协议分层模型方面来讲，TCP/IP 由四个层次组成：网络接口层、网络互联层、主机到主机层(或称为传输层)、应用层。

(1)网络接口层实际上并不是因特网协议组中的一部分，但是它是数据包从一个设备的网络层传输到另外一个设备的网络层的方法。这个过程能够在网卡的软件驱动程序中控制，也可以在载体或者专用芯片中控制。这将完成如添加报头准备发送、通过实体媒介实际发送这样一些数据链路功能。另一端，链路层将完成数据帧接收、去除报头并且将接收到的包传到网络层。

(2)网络互联层解决在一个单一网络上传输数据包的问题。随着因特网思想的出现，在这个层上添加了附加的功能，也就是将数据从源网络传输到目的网络。这就牵涉在网络组成的网上选择路径将数据包传输到目的地，也就是因特网。在因特网协议组中，IP 完成数据从源发送到目的地的基本任务。IP 能够承载多种不同的高层协议的数据。

(3)传输层的协议，能够解决诸如端到端的可靠性("数据是否已经到达目的地？")和保证数据按照正确的顺序到达这样的问题。在 TCP/IP 协议组中，传输协议也包括所给数据应该送给哪个应用程序。TCP 是一个"可靠的"、面向连接的传输机制，它提供一种可靠的字节流保证数据完整、无损并且按顺序到达。TCP 尽量连续不断地测试网络的负载并且控制发送数据的速度以避免网络过载。另外，TCP 试图将数据按照规定的顺序发送。

(4)应用层包括所有和应用程序协同工作，并利用基础网络交换那些应用程序专用数据的协议。应用层是大多数与网络相关的程序，是为了通过网络与其他程序通信所使用的层。这个层的处理过程是应用所特有的，数据从网络相关的程序以这种应用内部使用的格式进行传送,然后被编码成标准协议的格式。一些特定的程序被认为运行在这个层上,它们提供服务直接支持用户应用。

1.4 Internet 的连接与测试

随着 Internet 的普及和飞速发展,连接 Internet 的方式有很多,在 Internet 范围越来越广时,不得不提到一个词:因特网服务提供商(Internet Service Provider,ISP),它是众多企业和个人用户接入 Internet 的驿站和桥梁。当计算机连接 Internet 时,它并不直接连接到 Internet,而是采用某种方式与 ISP 提供的某一种服务器连接起来,通过它再接入 Internet。按其提供的增值业务 ISP 大致可分为两类,一类以 Internet 接入服务为主的接入服务提供商(Internet Access Provider,IAP),另一类以 Internet 信息内容服务为主的内容服务提供商(Internet Content Provider,ICP)。随着 Internet 在我国的迅速发展,提供 Internet 服务的 ISP 也越来越多。

总体来看,Internet 的连接分为单机和局域网方式两种接入,单机连接 Internet 主要应用在家庭用户,ISP 通过提供用户名和密码,用户通过拨号接入。局域网方式连接通常应用在大中小企业和各机构。例如,多数院校的校园网就是典型的局域网方式连接 Internet。

1.4.1 IP 地址的概念

Internet 是一个基于 TCP/IP 协议的全球范围互联网络,在网络中,用于进行网络通信的设备(如路由器、服务器、工作站等)统称为主机。在 IP 网络中,每一个主机必须有一个专门的地址用于标识自己,该地址称为 IP 地址。在网络上,主机的 IP 地址必须是唯一的,如果两个或多个计算机的 IP 地址因为相同而发生冲突,则这些计算机就无法正确地访问和使用网络。

IP 地址是形式上是一个 32 位的二进制数,通常用带点的十进制数字表示(简称点分十进制数)。每个 IP 地址分为 4 段,每段由一个 8 位二进制数组成,段与段之间用小圆点"."隔开,如 202.202.240.33。IP 地址在结构上包含两个部分:网络地址和网络中的主机地址,网络地址用于反映主机所在的网络称为网络标识,主机地址用于反映其所处网络中的序列号,称为主机标识。

IP 地址是第三层地址,用于网络中的逻辑寻址,是进行 IP 路由选择的基本依据,又被称为逻辑地址或协议地址。

1.4.2 IP 地址的分类

IP 地址分为 A、B、C、D、E 共五类,如图 3-1-8 所示,其中用于给主机分配地址的为 A、B、C 类。

(1)A 类地址:高 8 位表示网络地址(最高位为 0),低 24 位为主机地址。相应地有 2^7-2 个 A 类网,一个 A 类网可以有 $2^{24}-2$ 台主机。

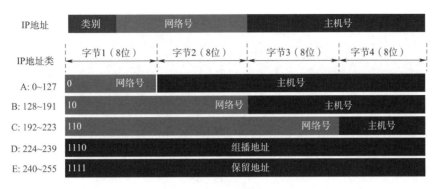

图 3-1-8　IP 地址分类

(2) B 类地址：高 16 位表示网络地址（最高两位为 10），低 16 位表示主机地址。相应地，共有 2^{14} 个 B 类网，每个 B 类网可以拥有 $2^{16}-2$ 台主机。

(3) C 类地址：高 24 位表示网络地址（最高三位为 110），低 8 位表示主机地址。相应地，共有 2^{21} 个 C 类网，每个 C 类网可以拥有 2^8-2 台主机。

凡 IP 地址中的主机号部分为全"1"者表示本网的广播地址，主机号部分为全"0"者表示本网的网络号，这些地址不可用作主机的 IP 地址。

1.4.3　子网掩码

子网掩码（Subnet Mask）的功能是告知主机或路由设备，其 IP 地址的哪一个部分是网络号部分，哪一部分是主机号部分。子网掩码采用与 IP 地址相同的编址格式，即 4 个 8 位一组的 32 位二进制数。但在子网掩码中，与相应 IP 地址中的网络部分对应的位全为"1"，与主机部分对应的位全为"0"。与 A、B、C 三类 IP 地址对应的缺省子网掩码分别为 225.0.0.0（A 类）、255.255.0.0（B 类）、255.255.255.0（C 类）。

通过将子网掩码与 IP 地址进行逻辑"与"操作，可确定所给定的 IP 地址网络号。IP 网络中的每一个主机在进行 IP 包的发送前，均要用本机的子网掩码对源 IP 地址和目标 IP 地址进行逻辑与操作，提取源和目标网络号，以判断两者是否仅位于同一网段中。

1.4.4　Internet 的测试

测试连接 Internet 是否成功可基于 TCP/IP 协议的四层结构由上到下或由下到上的方式，排除故障通常采用由下到上的方式。通常可采用 ipconfig 命令和 ping 命令检查网络的工作情况。

1）用 ipconfig 命令检查网络的设置是否与预期的一致

在命令提示符下输入"ipconfig"后按【Enter】键，显示出 IP 配置信息，如图 3-1-9 所示。如果需要查看 TCP/IP 详细配置信息，请运行"ipconfig/all"。

注意：ipconfig 命令有多个参数可以配合使用，这些参数的具体用法可以通过在命令行中输入"ipconfig/?"查看帮助。

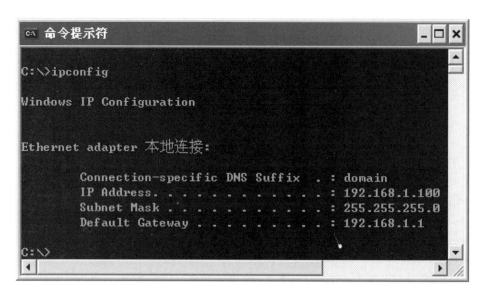

图 3-1-9　查看 IP 配置信息

2）用 ping 命令检查 PC 机与指定站点的通信情况

利用"ping"工具可进行网络连通性的测试。要测试本机与网络中的某台计算机（假设其 IP 地址为 192.168.1.101），则相应的命令为：

ping 192.168.1.101

若上述 ping 命令给出了正确的结果，如图 3-1-10 所示，则说明网络至少在网络层及网络层以下各层的工作状态都是正常的。若 ping 不能给出网络连通的结果，则表明出现了网络故障，而且故障的原因可能在网络层、数据链路层或物理层。ping 命令后面除了可以跟 IP 地址外还可以跟域名地址。

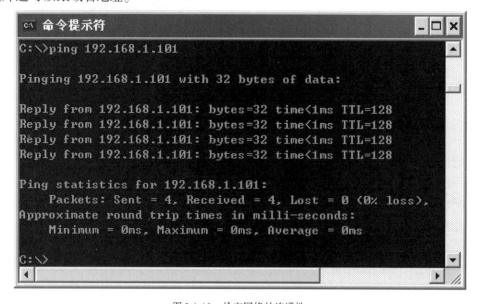

图 3-1-10　检查网络的连通性

1.5 Internet 提供的服务

Internet 能使我们现有的生活、学习、工作以及思维模式发生根本性的变化。无论来自何方，Internet 都能把我们和世界连在一起。Internet 提供的常用服务有、WWW、FTP、Telnet、E-mail。

（1）WWW（World Wide Web）服务：是目前应用最广的一种基本互联网应用，每天上网都要用到这种服务。通过 WWW 服务，只要用鼠标进行本地操作，就可以到达世界上的任何地方。WWW 是以超文本标记语言（Hypertext Markup Language，HTML）与超文本传输协议（Hypertext Transfer Protocol，HTTP）为基础，能够以十分友好的接口提供 Internet 信息查询服务的多媒体信息系统。

（2）FTP（File Transfer Protocol）服务：是专门用来传输文件的协议。简单地说，支持 FTP 协议的服务器就是 FTP 服务器。在 FTP 的使用当中，用户经常遇到两个概念："下载"（Download）和"上传"（Upload）。"下载"文件就是从远程主机复制文件至自己的计算机上；"上传"文件就是将文件从自己的计算机中复制至远程主机上。用 Internet 语言来说，用户可通过客户机程序向（从）远程主机上传（下载）文件。

（3）Telnet（远程登录）服务：远程登录是指在网络通信协议 Telnet 的支持下，用户本地的计算机通过 Internet 连接到某台远程计算机上，使自己的计算机暂时成为远程计算机的一个仿真终端。Telnet 采用客户机/服务器工作方式，进行远程登录时需要满足以下条件：在本地计算机上必须装有包含 Telnet 协议的客户程序；必须知道远程主机的 IP 地址或域名；必须知道登录标识与口令。当然 Telnet 服务由于在通信过程中数据是以明文传输有一定的安全隐患，现已被 SSH 协议所替代。

（4）E-mail（电子邮件）服务：电子邮件是一种利用计算机网络交换电子信件的通信手段，电子邮件不仅使用方便，而且还具有传递迅速和费用低廉的优点。电子邮件不仅能传递文字信息，还可以传递图像、声音、动画等多媒体信息。电子邮件系统采用客户机/服务器工作模式，由邮件服务器端与邮件客户端两部分组成。邮件服务器端包括接收邮件服务器和发送邮件服务器两类。发送邮件服务器又被称为 SMTP（Simple Mail Transfer Protocol）服务器，当发信方发出一份电子邮件时，SMTP 服务器依照邮件地址送到收信人接收邮件服务器中。接收邮件服务器为每个电子邮箱用户开辟了一个专用硬盘空间，用于暂时存放对方发来的邮件。当收件人将自己的计算机连接到接收邮件服务器并发出接收指令后，客户端通过邮局协议 POP3（Post Office Protocol Version3）或交互式邮件存取协议 IMAP（Interactive Mail Access Protocol）读取电子信箱内的邮件。当电子邮件应用程序访问 IMAP 服务器时，用户可以决定是否在 IMAP 服务器中保留邮件副本。而访问 POP3 服务器时，邮箱中的邮件被拷贝到用户的计算机中，不再保留邮件的副本。

任务 2　互联网应用

学习目标

了解浏览器的基本操作。
了解文件传输基本操作。
掌握电子邮件的基本操作。

知识点

浏览器,文件传输,电子邮件。

2.1　浏览器操作

2.1.1　基本知识

浏览器是 WWW 服务的客户端浏览程序,是专用于浏览网页的客户端软件。用于向 WWW 服务器发送各种请求,并对从服务器发送来的超文本信息和各种多媒体数据格式进行解释、显示和播放。常用的浏览器有 Microsoft Internet Explorer、Netscape Navigator、Mozilla Firefox、Google Chrome 等。

Internet Explorer(简称 IE)是 Windows 操作系统自带的一款浏览器,也是目前世界上使用较为广泛的浏览器软件。

2.1.2　浏览器的基本操作

1)启动 Internet Explorer

在 Windows 操作系统下,执行【开始】→【所有应用】→【Windows 附件】→【Internet Explorer】启动 IE 浏览器或双击桌面上的 Internet Explorer 图标,启动 IE 浏览器。

2)Internet Explorer 界面组成

Internet Explorer 的界面由"标题栏""菜单栏""工具栏""地址栏""主窗口"和"状态栏"所组成,如图 3-2-1 所示。

3)工具栏中常用的按钮

【后退】按钮:用于退回到访问的前一个网页中。刚打开 IE 时,该按钮呈灰色显示,表示当前按钮不可用,当访问了不同网页后,该按钮由灰色变成黑色显示,表示可用,单击该按钮可以返回到访问的前一个网页中。

【前进】按钮:用于转到下一显示页。当单击了【后退】按钮回到前一网页后,该按钮则会变成黑色显示,表示可用。单击该按钮可以打开网页之后曾访问过的网页。

图 3-2-1　IE 浏览器界面

【停止】按钮:在浏览网页过程中,因通信线路太忙或出现故障而导致网页在很长时间内不能完全显示,单击此按钮可以停止对当前网页的载入。

【刷新】按钮:单击此按钮,可以及时阅读网页更新后的信息和浏览终止载入的网页。

【主页】按钮:单击此按钮,可以单击此按钮可以返回到起始网页。

【收藏夹】按钮:通过将网页添加到【收藏夹】列表,同时在 IE 窗口的左侧显示【收藏夹】窗格。

【历史】按钮:单击将立即在主窗口左侧开辟一窗格显示最近时期的浏览历史。网页保存的天数在【Internet 选项】对话框中设置或清除。

2.1.3　设置 IE 浏览器

1）IE 主页的设置

单击【工具】菜单栏,选择【Internet 选项】,如图 3-2-2 所示。

弹出【Internet 属性】对话框,在【常规】选项卡中的【主页】的输入框中输入默认登录主页的网址（如:www.cqjy.edu.cn）,单击【标签页】按钮打开【标签页浏览设置】窗口,在【打开新标签页后,打开】下拉菜单选择【你的第一个主页】,点击【确定】,点击【应用】,如图 3-2-3 所示。再次打开新标签页就会自动打开默认主页 www.cqjy.edu.cn。

2）清除历史记录

在浏览器的主菜单中执行【工具】→【Internet 选项】菜单命令,打开【Internet 选项】对话框;选择【常规】选项卡,单击【删除】按钮,在弹出的【删除浏览历史记录】,选择删除的选项,点击【删除】即可,如图 3-2-4 所示。

信息技术（基础模块）

图 3-2-2　IE 主页设置

图 3-2-3　自定义主页

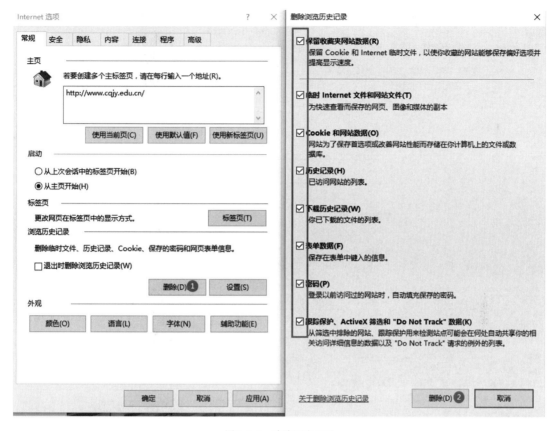

图 3-2-4　清除历史记录

3）网页保存

在浏览器的菜单栏上单击【文件】→【另存为】命令,弹出【另存为】对话框,选择保存的位置,在【文件名】栏中输入保存的文件名,单击【保存】按钮,完成当前网页的保存。

4）图片保存

选中要保存的图片并单击鼠标右键,在弹出的快捷菜单中单击【图片另存为…】命令,选择保存的位置,在"文件名"栏中输入保存的文件名,单击【保存】按钮,完成图片的保存。

2.1.4　网页搜索

互联网可以说是一个取之不尽、用之不竭的信息宝库,如何才能找出我们感兴趣和关心的信息呢?主要通过搜索引擎。搜索引擎是指根据一定的策略、运用特定的计算机程序从互联网上搜集信息,在对信息进行组织和处理后,为用户提供检索服务,将用户检索相关的信息展示给用户的系统。搜索引擎包括全文索引、目录索引、元搜索引擎、垂直搜索引擎、集合式搜索引擎、门户搜索引擎与免费链接列表等。百度和谷歌等是搜索引擎的代表。下是以百度为例,搜索"重庆交通职业学院"网址。

(1)双击桌面图标,在地址栏中输入"www.baidu.com",单击【转到】按钮或【Enter】键,如图 3-2-5 所示。

图 3-2-5 百度首页

（2）如在输入框中输入"重庆交通职业学院"，单击【百度一下】或【Enter】键，如图 3-2-6 所示。

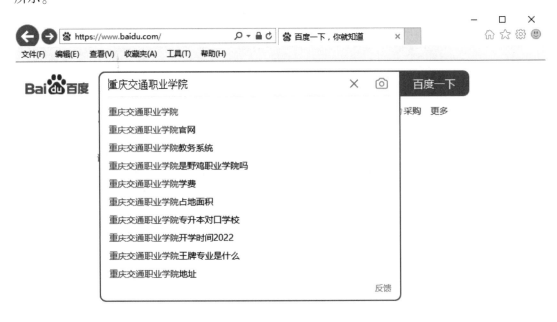

图 3-2-6 百度输入页面

（3）搜索结果的页面中选择第一个"重庆交通职业学院"链接，即可获得重庆交通职业学院网址，如图 3-2-7 所示。

模块三 互联网常识及应用

图 3-2-7 搜索页面

2.2 文件传输操作

在互联网上遨游时,我们经常需要下载或上传一些文件,这就需要 FTP(文件传输协议)。本节将通过浏览器、FTP 客户端软件 CuteFTP 来介绍文件传输。

2.2.1 使用浏览器传输文件

通过 IE 浏览器下载"QQ 软件"。

(1)双击桌面 图标,在地址栏中输入"https://im.qq.com",单击【转到】按钮或【Enter】键,单击【立即下载】,如图 3-2-8 所示。

图 3-2-8 QQ 下载界面

(2)单击【保存】下拉菜单按钮,选择【另存为】,保存至桌面即可,如图3-2-9所示。

图 3-2-9　另存为界面

2.2.2　使用 FTP 客户端软件传输文件

通过 CuteFTP 软件下载、上传文件。

(1)在安装该软件后,双击桌面" "图标,此时还没有与任何 FTP 站点建立连接,因此只能在左边的窗口中显示本地主机中的内容,出现如图3-2-10所示界面。

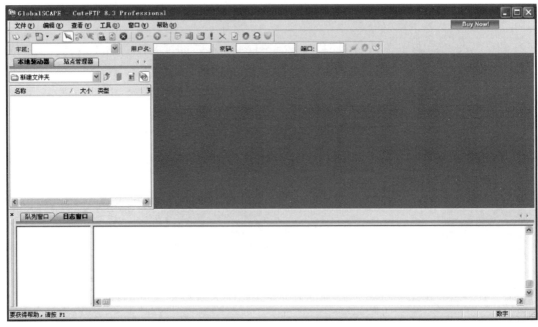

图 3-2-10　CuteFTP 软件界面

(2)单击【文件】→【新建】→【FTP 站点】命令或〈Ctrl + N〉快捷键,弹出如图 3-2-11 所示的对话框,填入相应内容,点击【连接】按钮。

图 3-2-11 【站点属性】对话框

CuteFTP 与 FTP 站点建立连接以后,就会在右边的窗口中显示站点目录中的内容,还可以看到与远程主机连接的状态,如图 3-2-12 所示。

图 3-2-12 FTP 连接状态界面

(3)在右边远程主机窗口双击想要下载的文件即可下载,下载信息在队列窗口中可以看到,左边窗口显示本地主机信息,也可将本地主机上的文件上传到远程主机,只需选中想要上传的文件单击右键,在弹出的快捷菜单中,单击【上传】命令即可(前提是远程主机允许你有上传文件的权限)。

2.3 电子邮件操作

2.3.1 基本知识

电子邮件简单地说就是通过 Internet 来邮寄的信件。电子邮件的成本比邮寄普通信件低得多,而且投递无比快速,不管多么远,最多只要几分钟。另外,它使用起来也很方便,无论何时何地,只要能上网,就可以通过 Internet 发电子邮件,或者打开自己的信箱阅读别人发来的邮件。因为它有这么多好处,所以使用过电子邮件的人,多数都不愿意再提起笔来写信了。

电子邮件的英文名字是 E-mail,或许,在一位朋友递给你的名片上就写着类似这样的联系方式:E-mail:luck@163.net。这就是一个电子邮件地址,符号@ 是电子邮件地址的专用标识符,它前面的部分是对方的信箱名称,后面的部分是信箱所在的位置,这就好比信箱 luck 放在"邮局"163.net 里。当然,这里的"邮局"是 Internet 上的一台用来收信的计算机,当收信人取信时,就把自己的计算机连接到这个"邮局",打开自己的信箱,取走自己的信件。

目前,用于收发电子邮件总体归为两类:一类以 WEB 方式,通过浏览器登录到邮件服务器进行收发邮件,此种方式前提条件必须能够实时连接到邮件服务器上,收发的邮件正文不能保存到本地主机上;第二类是采用专门收发电子邮件的客户端软件,比如 Outlook、Foxmail 等,此种方式可以将收发的电子邮件保存到本地主机上,可随时查看,不需要网络连接。以下通过 Outlook 软件来设置电子邮件账户、接收阅读电子邮件、编写和发送电子邮件。

2.3.2 设置电子邮件账户

通过 Outlook 软件设置个人 QQ 电子邮件账户的操作如下:

(1)首先用 IE 打开 mail.qq.com,登录自己的 QQ 邮箱,然后点击【设置】→【账户】→【POP3/IMAP/SMTP 服务】,把开启 POP3/SMTP 服务的对钩打上,最后点保存更改。

(2)启动 Outlook Express(【开始】→【程序】→【Outlook Express】)。点击主菜单下的【工具】→【账户】命令,如图 3-2-13 所示。

(3)在弹出的【Internet 账户】对话框中选择【邮件】选项卡,单击【添加】→【邮件】命令,如图 3-2-14 所示。

(4)在弹出的【Internet 连接向导】对话框中的【显示名】框输入用户要求在信箱中显示的姓名,如:QQ 邮箱。此姓名将出现在用户所发送邮件的【发件人】一栏。然后单击【下一步】按钮,如图 3-2-15 所示。

模块三　互联网常识及应用

图 3-2-13　【工具】菜单界面

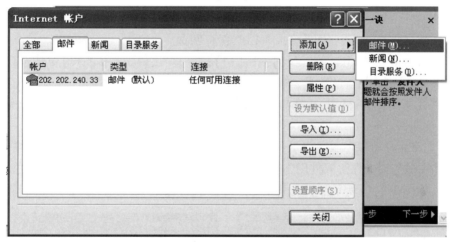

图 3-2-14　【Internet 账户】对话框

（5）在弹出的对话框中的【Internet 电子邮件地址】框输入用户的邮箱地址，如：mailteam@qq.com，再单击【下一步】按钮，如图 3-2-16 所示。

图 3-2-15　显示名设置界面　　　　　　　　图 3-2-16　电子邮件地址设置界面

（6）在弹出的对话框中的"接收邮件(pop、IMAP 或 HTTP)服务器"框中输入 pop.qq.com，在【发送邮件服务器(SMTP)】框中输入 smtp.qq.com，然后单击【下一步】，如图 3-2-17 所示。

（7）在弹出的对话框中的【账户名】框输入用户的 QQ 邮箱用户名（仅输入@前面的部分），在"密码"框输入用户的邮箱密码，然后单击【下一步】，如图 3-2-18 所示。

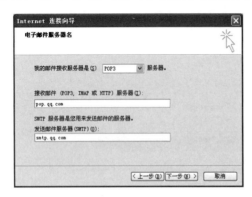 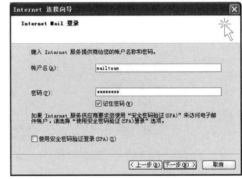

图 3-2-17　电子邮件服务器名设置接口　　　　图 3-2-18　账户名和密码设置界面

（8）在弹出的对话框中点击【完成】按钮，保存配置。

（9）单击 Outlook 的主菜单【工具】→【账户】命令，弹出【Internet 账户】对话框，选择【邮件】选项卡，选中刚才设置的账号，单击【属性】按钮，弹出【属性】对话框。

（10）在【属性】对话框中，选择【服务器】选项卡，勾选"我的服务器需要身份验证"，点击【确定】按钮，如图 3-2-19 所示。

（11）如果用户希望在服务器上保留邮件副本，则在【属性】对话框中单击【高级】选项卡。勾选【在服务器上保留邮件副本】。此时下边设置细则的勾选项由禁止（灰色）变为可选（黑色），如图 3-2-20 所示。设置完成后单击【确定】按钮，完成 Outlook Express 配置。

 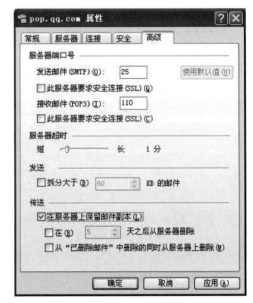

图 3-2-19　【服务器】选项卡　　　　　　　图 3-2-20　【高级】选项卡设置

模块三 互联网常识及应用

至此,用户可以收发 QQ 邮件了。

2.3.3 接收与阅读邮件

执行菜单中的【工具】→【发送和接收】→【接收全部邮件】命令,或单击工具栏的按钮【发送和接收】,可接收邮件。打开收件箱文件夹,即可以右边窗口中选择并阅读邮件信息,如图 3-2-21 所示。

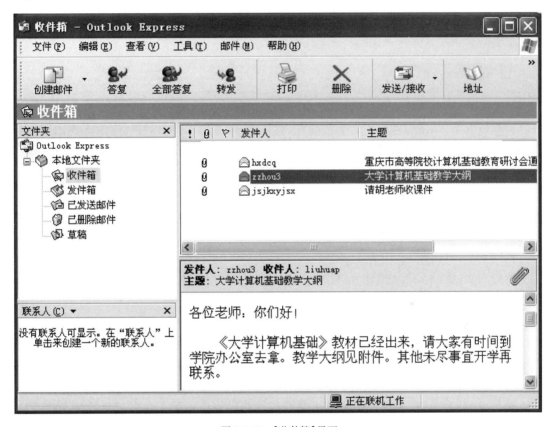

图 3-2-21 【收件箱】界面

2.3.4 编写与发送邮件

单击主菜单的【文件】→【新建】命令新建邮件,或直接按〈Ctrl + N〉组合键,弹出新建邮件窗口,在收件人栏输入收件人的电子邮箱(邮箱地址必须写全,如:test@qq.com),在主题栏输入邮件标题,正文中编写邮件内容。若需要可以单击窗口上的【插入】→【文件附件】命令,或单击工具栏上的【附件】按钮,添加附件。附件大小依据各邮件服务器要求而定,一般不超过 10M 大小为宜。邮件编写完成后可以单击主菜单的【文件】→【发送邮件】命令,或单击工具栏上的【发送】按钮,发送邮件。当前然也可以保存好新编写的邮件,以后发送。

任务 3　计算机安全

学习目标

了解计算机病毒的概念、特征、分类与防治。
了解网络非法入侵的定义和防范。
了解计算机及网络职业道德规范。

知识点

计算机病毒,网络非法入侵,计算机及网络职业道德规范。

计算机安全,是指对计算机系统的硬件、软件、数据等加以严密的保护,使之不因偶然的或恶意的原因而遭到破坏、更改、泄露,保证计算机系统的正常运行。计算机安全包括以下几个方面:

实体安全:实体安全是指计算机系统的全部硬件以及其他附属的设备的安全。其中也包括对计算机机房的要求,如地理位置的选择、建筑结构的要求、防火及防盗措施等。

软件安全:软件安全是指防止软件的非法复制、非法修改和非法执行。

数据安全:数据安全是防止数据的非法读出、非法更改和非法删除。

运行安全:运行安全是指计算机系统在投入使用之后,工作人员对系统进行正常使用和维护的措施,保证系统的安全运行。

造成计算机不安全的原因是多种多样的,例如自然灾害、战争、故障、操作失误、违纪、违法、犯罪,因此,必须采取综合措施才能保证安全。对于自然灾害、战争、故障、操作失误等可以通过加强可靠性等技术手段来解决,而对于违纪、违法和犯罪则必须通过政策法律、道德教育、组织管理、安全保卫和工程技术等方面的综合措施才能有效地加以解决。为了加强计算机安全,1994 年 2 月 18 日,《中华人民共和国计算机信息系统安全保护条例》(国务院令第 147 号)公布,并自发布之日起施行;2016 年 11 月 7 日,第十二届全国人民代表大会常务委员会第二十四次会议通过《中华人民共和国网络安全法》,自 2017 年 6 月 1 日起施行。

3.1　计算机病毒的定义、特点与种类

计算机病毒(Computer Viruses)是人为设计的程序,通过非法入侵而隐藏在可执行程序或数据文件中,当计算机运行时,它可以把自身精确复制或有修改地复制到其他程序体内,具有相当大的破坏性。

3.1.1　计算机病毒的定义

计算机病毒是一种人为蓄意制造的、以破坏为目的的程序。它寄生于其他应用程序或

系统的可执行部分,通过部分修改或移动别的程序,将自我复制加入其中或占据原程序的某部分并隐藏起来,到一定时候或适当条件时发作,对计算机系统起破坏作用。之所以被称为"计算机病毒",是因为它具有生物病毒的某些特征——破坏性、传染性、寄生性和潜伏性。

3.1.2 计算机病毒的特点

(1)破坏性:计算机病毒的破坏性因计算机病毒的种类不同而差别很大。有的计算机病毒仅干扰软件的运行而不破坏该软件;有的无限制地侵占系统资源,使系统无法运行;有的可以毁掉部分数据或程序,使之无法恢复;有的恶性病毒甚至可以毁坏整个系统,导致系统崩溃。据统计,全世界因计算机病毒所造成的损失每年达数百亿美元。

(2)传染性:计算机病毒具有很强的繁殖能力,能通过自我复制到内存、硬盘和U盘中,甚至传染到所有文件中。尤其随着Internet日益普及,数据共享使得不同地域的用户可以共享软件资源和硬件资源,但与此同时,计算机病毒也通过网络迅速蔓延到互联网的计算机系统。传染性即自我复制能力,是计算机病毒最根本的特征,也是病毒和正常程序的本质区别。

(3)寄生性:病毒程序一般不独立存在,而是寄生在磁盘系统区或文件中。侵入磁盘系统区的病毒称为系统型病毒,其中较常见的是引导区病毒。寄生于文件中的病毒称为文件型病毒,如以色列病毒(黑色星期五)等。还有一类寄生于文件中又侵占系统区的病毒,如"幽灵"病毒、Flip病毒等,属于混合型病毒。

(4)潜伏性:计算机病毒可以长时间地潜伏在文件中,并不立即发作。在潜伏期中,它并不影响系统的正常运行,只是悄悄地进行传播、繁殖,使更多的正常程序成为病毒的"携带者"。一旦满足触发条件,病毒发作,才显示出其巨大的破坏威力。

(5)激发性:激发的实质是一种条件控制,一个病毒程序可以按照设计者的要求,例如指定的日期、时间或特定的条件出现时在某个点上激活并发起攻击。

3.1.3 计算机病毒的类型

自从计算机病毒第一次出现以来,在病毒编写者和反病毒软件作者之间就存在着一个连续的竞争赛跑。当对已经存在的病毒开发了有效的对策时,新的病毒又开发出来了。

在Internet普及以前,病毒攻击的主要对象是单机环境下的计算机系统,一般通过移动存储设备传播,病毒程序大都寄生在文件内,这种传统的单机病毒现在仍然存在并威胁着计算机系统的安全。随着网络的出现和Internet的迅速普及,计算机病毒也呈现出新的特点,在网络环境下病毒主要通过计算机网络来传播。病毒可分为传统单机病毒和现代网络病毒两大类。

1)传统单机病毒

根据病毒寄生方式的不同,可将传统单机病毒分为以下四种主要类型:

(1)引导型病毒:引导型病毒就是用病毒的全部或部分逻辑取代正常的外存储器(如硬盘、U盘)的引导记录,而将正常的引导记录隐藏在外存储器的其他地方,这样只要系统读写外存储器,病毒就可能传染、激活,对系统造成破坏。例如"大麻"病毒和"小球"病毒。

（2）文件型病毒:文件型病毒一般感染可执行文件(如.exe、.com、.ovl等文件),病毒寄生在可执行程序体内,只要程序被执行,病毒也就被激活。病毒程序会首先被执行,并将自身驻留在内存,然后设置触发条件,进行传染。

例如"CIH 病毒",该病毒主要感染 Windows 操作系统下的可执行文件,病毒会破坏计算机硬盘和改写计算机基本输入/输出系统(BIOS),导致系统、主板的破坏。

（3）宏病毒:宏病毒是一种寄生于文档或模板宏中的计算机病毒,一旦打开带有宏病毒的文档,病毒就会被激活,驻留在 Normal 模板上,所有自动保存的文档都会感染上这种宏病毒。如果其他用户打开了感染宏病毒的文档,病毒就会转移到其他计算机上。凡是具有写宏能力的软件都有可能感染宏病毒,如 Word 和 Excel 等 Office 软件。

例如"TaiwanNO.1"宏病毒,病毒发作时会出一道连计算机都难以计算的数学乘法题目,并要求输入正确答案,一旦答错,则立即自动开启 20 个文件,并继续出下一道题目,一直到耗尽系统资源为止。

（4）混合型病毒:混合型病毒就是既感染可执行文件又感染磁盘引导记录的病毒,只要中毒,一开机病毒就会发作,然后通过可执行程序感染其他的程序文件。混合型病毒兼有文件型病毒和引导型病毒的特点,所以它的破坏性更大,传染的机会也更多。

2）现代网络病毒

根据网络病毒破坏机制的不同,一般将网络病毒分为以下两大类:

（1）蠕虫病毒:1988 年 11 月,美国康奈尔大学的学生(罗伯特·莫里斯)Robert Morris 编写的"莫里斯蠕虫"病毒蔓延,造成了数千台计算机停机,蠕虫病毒开始现身于网络。蠕虫病毒以计算机为载体,以网络为攻击对象,利用网络的通信功能将自身不断地从一个结点发送到另一个结点,并能够自动地启动病毒程序,这样不仅消耗了大量本机资源,而且大量占用了网络的带宽,导致网络堵塞,最终造成整个网络系统瘫痪。

例如"冲击波(Worm.MSBlast)",该病毒利用 Windows 操作过程远程调用协议(Remote Process Call,RPC)中存在的系统漏洞,向远端系统上的 RPC 系统服务所监听的端口发送攻击代码,从而达到传播的目的。感染该病毒的机器会莫名其妙地死机或重新启动计算机,IE 浏览器不能正常地打开链接,不能进行复制粘贴操作,有时还会出现应用程序异常(如 Word 无法正常使用),上网速度变慢。

（2）木马病毒:特洛伊木马(Trojan Horse)原指古希腊士兵藏在木马内进入敌方城市从而攻占城市的故事。木马病毒是指在正常访问的程序、邮件附件或网页中包含了可以控制用户计算机的程序,这些隐藏的程序非法入侵并监控用户的计算机,窃取用户的账号和密码等机密信息。

木马病毒一般通过电子邮件、即时通信工具(如 MSN 和 QQ 等)、恶意网页等方式感染用户的计算机,多数都是利用了操作系统中存在的漏洞。

例如"QQ 木马",该病毒隐藏在用户的系统中,发作时寻找 QQ 窗口,给在线上的 QQ 好友发送诸如"快去看看,里面有……好东西"之类的假消息,诱惑用户点击一个网站,如果有人信以为真点击该链接的话,就会被病毒感染,然后成为毒源,继续传播。

现在有少数木马病毒加入了蠕虫病毒的功能,其破坏性更强。

例如"安哥(Backdoor. Agobot)",又叫"高波病毒",该病毒利用微软的多个安全漏洞进行攻击,最初仅是一种木马病毒,其变种加入了蠕虫病毒的功能,病毒发作时会造成中毒用户的计算机出现无法进行复制和粘贴等操作,无法正常使用如 Office 和 IE 浏览器等软件,并且大量消耗系统资源,使系统速度变慢甚至死机,该病毒还利用在线聊天软件开启后门,盗取用户正版软件的序列号等重要信息。

3.2 计算机病毒的防治

3.2.1 计算机病毒的主要传播途径

计算机病毒是一种特殊形式的计算机程序软件,与其他正常程序一样,在未被激活,即未被运行时,均存放在磁记录设备或其他存储设备中,得以被长期保留。一旦被激活便能四处传染。U 盘、硬盘、磁带、光盘、ROM 芯片等存储设备都可能因藏有计算机病毒而成为病毒的载体,像硬盘这种使用频率很高的存储设备,被病毒感染成为带毒硬盘的概率是很高的。虽然在绝大多数情况下没有必要为杀毒而进行低级格式化,但低级格式化却因清理了所有扇区,可彻底清除掉硬盘上隐藏的所有计算机病毒。计算机病毒的主要传染途径有:

(1)非移动介质:是指通过通常不可移动的计算机硬设备进行传染,这些设备有装在计算机内的 ROM 芯片、专用的 ASIC(Application Specific Integrated Circuits,专用集成电路)芯片、硬盘等。即使是新购置的计算机,病毒也可能已在计算机的生产过程中进入了 ASIC 芯片组或在生产销售环节进入 ROM 芯片或硬盘中。

(2)可移动介质:这种渠道是通过可移动式存储设备,使病毒能够进行传染。可移动式存储设备包括 U 盘、光盘、可移动式硬盘、USB 接口的存储卡等,在这些移动式存储设备中,U 盘是目前计算机之间互相传递文件使用最广泛的存储介质,因此,U 盘是目前计算机病毒的主要寄生地之一。

(3)计算机网络:人们通过计算机网络传递文件、电子邮件。计算机病毒可以附着在正常文件中,当用户从网络另一端得到被感染的程序并在其计算机上未加任何防护措施的情况下运行时,病毒就传染开了。目前 70% 的病毒都是通过强大的互联网肆意蔓延开的。

3.2.2 计算机感染病毒后的常见症状

病毒的入侵,必然会干扰和破坏计算机的正常运行,从而产生种种外部现象。计算机系统被感染病毒后常见的症状如下:

(1)屏幕出现异常现象或显示特殊信息。
(2)喇叭发出怪音、蜂鸣声或演奏音乐。

(3)计算机运行速度明显减慢。这是病毒在不断传播、复制,消耗系统资源所致。
(4)系统无法从硬盘启动,但光盘或U盘启动正常。
(5)系统运行时经常发生死机和重启动现象。
(6)读写磁盘时"嘎嘎"作响并且读写时间变长,有时还出现"写保护"的提示。
(7)内存空间变小,原来可运行的文件无法加载到内存。
(8)U盘或硬盘上的可执行文件变长或变短,甚至消失。
(9)某些设备无法正常使用。
(10)键盘输入的字符与屏幕显示的字符不同。
(11)文件中无故多了一些重复或奇怪的文件,或有些文件无故消失。
(12)文件名的后缀被无故更改,或文件夹名被自动添加了后缀,且无法打开或进入。
(13)网络速度变慢或者出现一些莫名其妙的连接。
(14)电子邮箱中有不明来路的信件,这些电子邮件常带有病毒,打开后便可能激活。

3.2.3　计算机病毒的预防

计算机病毒预防是指在病毒尚未入侵或刚刚入侵时,就拦截、阻击病毒的入侵或立即报警。主要有以下几条预防措施:
(1)安装实时监控的杀毒软件或防毒卡,定期更新病毒库。
(2)经常安装或更新操作系统及各种应用程序的补丁程序。
(3)安装防火墙工具,设置相应的访问规则,过滤不安全的站点访问。
(4)不要随意打开来历不明的电子邮件及附件。
(5)不要随意安装来历不明的插件程序。
(6)不要随意打开陌生人传来的页面链接,谨防恶意网页中隐藏的木马病毒。
(7)对所有存储有重要数据的U盘,若有写保护开关,应使其置于写保护状态。
(8)不要使用不知底细的U盘或盗版光盘;对于外来U盘,必须进行病毒检测处理后才能使用。
(9)对计算机中的重要数据要定期备份。
(10)定期对所使用的优盘进行病毒检测。

3.2.4　计算机病毒的清除

当发现计算机出现异常现象,应尽快确认计算机系统是否感染了病毒,如有病毒应将其彻底清除。一般有以下几种清除病毒的方法:
(1)使用杀毒软件:使用杀毒软件来检测和清除病毒,用户只需按照软件的提示进行操作,即可完成常见病毒的清除,简单方便。常用的杀毒软件有:360杀毒软件、金山毒霸、瑞星杀毒软件、卡巴斯基等。
这些杀毒软件一般都具有实时监控功能,能够监控所有打开的磁盘文件、从网络上下载的文件以及收发的邮件等,当检测到计算机病毒时,就能立即给出警报。对于压缩文件,无须解压缩即可查杀病毒;对于已经驻留在内存中的病毒也可以清除。由于病毒的防治技术总是滞后于病毒的制作,所以并不是所有病毒都能得以马上清除。如果杀毒软件暂时还不能清除该病毒,也会将该病毒隔离起来,以后升级病毒库时将提醒用户是否继续该病毒的清除。

(2)使用专杀工具:现在一些反病毒公司的网站上提供了许多的病毒专杀工具,用户可以免费下载这些查杀工具对某个特定病毒进行清除。

(3)手动清除病毒:这种清除病毒的方法要求操作者对计算机的操作相当熟练,具有一定的计算机专业知识,利用一些工具软件找到感染病毒的文件,手动清除病毒代码。此方法不适合一般用户采用。

3.3 网络非法入侵的定义和防范

随着全球社会信息化不断加深,世界各地的用户都在享受着"信息高速公路"带来的便捷,也不得不承受层出不穷且日益严重的信息安全问题带来的困扰。由于信息系统本身的脆弱性和日益复杂性,信息安全问题不断暴露,并与计算机网络的发展交相增长。信息安全问题总体来看主要归结在以下两个方面:

一是伴随着信息技术的发展,信息技术的漏洞与日俱增。网络安全问题随着信息网络基础设施的建设与因特网的迅速普及而激增,并随着信息网络技术的不断更新而愈显严重;二是管理与技术的脱节。信息安全不仅仅是一个技术问题,在很大程度上表现为管理问题,能否对网络实现有效的管理与控制是信息安全的根本问题之一。

3.3.1 非法入侵

计算机网络的非法入侵者就是人们常说的黑客(Hacker),他们以非正常方式和手段,利用系统的不安全漏洞,进入计算机网络中具有高度机密的服务器或主机,窃取机密信息,盗用系统资源。黑客大都是程序员,对计算机技术和网络技术有较深入的了解,知晓系统的漏洞及其原因所在,喜欢非法闯入并以此作为一种智力挑战而沉醉其中。有些黑客仅仅是为了验证自己的能力而非法闯入,并不一定会对信息系统或网络系统产生破坏作用,但也有很多黑客非法闯入是为了窃取机密的信息、盗用系统资源或出于报复心理而恶意毁坏某个信息系统等。为了尽可能地避免受到黑客的攻击,我们有必要先了解黑客常用的攻击手段和方法,然后才能有针对性地进行预防。

3.3.2 非法入侵的步骤

一般的非法入侵分为以下三个过程。

(1)信息收集。信息收集是为了了解所要攻击目标的详细信息。黑客利用相关的网络协议或实用程序来收集信息,例如,用简单网络管理协议(Simple Network Management Protocol,SNMP)协议可查看路由器的路由表,了解目标主机内部拓扑结构的细节,用 TraceRoute 命令可获得到达目标主机所要经过的网络数和路由数,用 Ping 命令可以检测一个指定主机的位置并确定是否可到达等。

(2)探测分析系统的安全弱点。在收集到目标的相关信息以后,黑客会探测网络上的每一台主机,以寻找系统的安全漏洞或安全弱点。黑客一般会使用 Telnet、FTP 等软件向目标主机申请服务,如果目标主机有应答就说明开放了这些端口的服务。其次使用一些公开的工具软件,如 Internet 安全扫描程序(Internet Security Scanner,ISS)、网络安全分析工具(SA-TAN)等来对整个网络或子网进行扫描,寻找系统的安全漏洞,获取攻击目标系统的非法访问权。

(3)实施攻击。在获得了目标系统的非法访问权之后,黑客一般会实施以下的攻击:

①试图毁掉入侵的痕迹,并在受到攻击的目标系统中建立新的安全漏洞或后门,以便在先前的攻击点被发现以后能继续访问该系统。

②在目标系统安装探测器软件,如特洛伊木马程序,用来窥探目标系统的活动,继续收集黑客感兴趣的一切信息,如账号与口令等敏感数据。

③进一步发现目标系统的信任等级,以展开对整个系统的攻击。

④如果黑客在被攻击的目标系统上获得了特许访问权,那么他就可以读取邮件,搜索和盗取私人文件,毁坏重要数据以至破坏整个网络系统,后果将不堪设想。

3.3.3 非法入侵的方式

非法入侵通常采用以下几种典型的攻击方式。

(1)密码破解。

通常采用字典攻击、假登录程序、密码探测程序等攻击方式来获取系统或用户的口令文件。

①字典攻击:是一种被动攻击,黑客先获取系统的口令文件,然后用黑客字典中的单词一个一个地进行匹配比较,计算机速度很高,这种匹配的速度也很快,而且由于大多数用户的口令采用的是人名、常见的单词或数字的组合等,所以字典攻击成功率比较高。

②假登录程序:设计一个与系统登录画面一模一样的程序并嵌入到相关的网页上,以骗取他人的账号和密码。当用户在这个假的登录程序上输入账号和密码后,该程序就会记录下所输入的账号和密码。

③密码探测:在 Windows NT 系统内保存或传送的密码都经过单向散列函数(Hash)的编码处理,并存放到 SAM 数据库中。于是网上出现了一种专门用来探测 NT 密码的程序 LophtCrack,它能利用各种可能的密码反复模拟 NT 的编码过程,并将所编出来的密码与 SAM 数据库中的密码进行比较,如果两者相同就得到了正确的密码。

(2)IP 欺骗(Spoofing)与嗅探(Sniffing)。

①嗅探:是一种被动式的攻击,又叫网络监听,就是通过改变网卡的操作模式让它接受流经该计算机的所有信息包,这样就可以截获其他计算机的数据报文或口令,监听只能针对同一物理网段上的主机,对于不在同一网段的数据包会被网关过滤掉。

②欺骗:是一种主动式的攻击,即将网络上的某台计算机伪装成另一台不同的主机,目

的是欺骗网络中的其他计算机误将冒名顶替者当作原始的计算机而向其发送数据或允许它修改数据。常用的欺骗方式有 IP 欺骗、路由欺骗以及 Web 欺骗等。

（3）系统漏洞。

漏洞是指程序在设计、实现和操作上存在错误。由于程序或软件的功能一般都较为复杂，程序员在设计和调试过程中总有考虑欠妥的地方，绝大部分软件在使用过程中都需要不断地改进与完善。被黑客利用最多的系统漏洞是缓冲区溢出（Buffer Overflow），因为缓冲区的大小有限，一旦往缓冲区中放入超过其大小的数据，就会产生溢出，多出来的数据可能会覆盖其他变量的值，正常情况下程序会因此出错而结束，但黑客却可以利用这样的溢出来改变程序的执行流程，转向执行事先编好的黑客程序。

（4）端口扫描。

由于计算机与外界通信都必须通过某个端口才能进行，黑客可以利用一些端口扫描软件如 SATAN、IP Hacker 等对被攻击的目标计算机进行端口扫描，查看该机器的哪些端口是开放的，由此可以知道与目标计算机能进行哪些通信服务。例如邮件服务器的 25 号端口是接收用户发送的邮件，而接收邮件则与邮件服务器的 110 号端口通信；访问 Web 服务器一般都是通过其 80 号端口等。了解了目标计算机开放的端口服务以后，黑客一般会通过这些开放的端口发送特洛伊木马程序到目标计算机上，利用木马来控制被攻击的目标。例如"冰河 V8.0" 木马就是利用了系统的 2001 号端口。

3.3.4 防范网络非法入侵的方法

防范网络非法入侵的方法常用数据加密、身份认证、审计等。

（1）数据加密。

加密的目的是保护信息中系统的数据、文件、口令和控制信息等，同时也可以保护网上传输数据的可靠性，这样即使黑客截获了网上传输的信息一般也无法得到正确的信息。

（2）身份认证。

通过密码或特征信息等来确认用户身份的真实性，只对确认了的用户给予相应的访问权限。

（3）建立完善的访问控制策略。

系统应当设置入网访问权限、网络共享资源的访问权限、目录安全等级控制、网络端口和节点的安全控制、防火墙的安全控制等，通过各种安全控制机制的相互配合，才能最大限度地保护系统免受黑客攻击。

（4）审计。

把系统中和安全有关的事件记录下来，保存在相应的日志文件中，例如记录网络上用户的注册信息，如注册来源、注册失败的次数等，记录用户访问的网络资源等各种相关信息。当遭到黑客攻击时，这些数据可以用来帮助调查黑客的来源，并作为证据来追踪黑客，也可以通过对这些数据的分析来了解黑客攻击的手段，以找出应对的策略。

（5）其他安全防护措施。

首先不随便从 Internet 上下载软件，不运行来历不明的软件，不随便打开陌生人发来的邮件中的附件。其次要经常运行专门的反黑客软件,可以在系统中安装具有实时检测、拦截和查找黑客攻击程序用的工具软件,经常检查用户的系统注册表和系统启动文件中的自启动程序项是否有异常,做好系统的数据备份工作,及时安装系统的补丁程序等。

3.4 计算机及网络职业道德规范

3.4.1 计算机网络道德的现状与问题

随着 Internet 更大范围的普及,网络文化已经融入了人们的生活。作为一种技术手段,Internet 本身是中性的,用它可以做好事,也可能被用来做坏事。

任何事物都有它的两面性,Internet 也是一样,它的负面影响也越来越引起人们的关注。

(1)滥用网络,降低了工作效率。网络极具诱惑力,有些人很可能利用上班时间,在网上听歌、看电影、看小说、玩游戏,甚至可以购物、网上炒股。还有一些人喜欢浏览网上的信息,工作时间不知不觉在网上"挂"了好几个小时,其工作效率当然会因此大打折扣。

(2)网络充斥了不健康的信息,人们会受到不良思潮的影响。由于网络的无国界性,不同国家、不同社会的信息一起汇入互联网,一些严重违反我国公民道德标准的宣传暴力的、色情的甚至是反动的网站遍布互联网。如果群众的道德觉悟不高,则很容易受到伤害,并可能产生危害社会安全的不良反应。

(3)网络犯罪。网络犯罪主要包括严重违反我国互联网管理条例的行为,如利用网络窃取他人财物的犯罪行为、利用网络破坏他人网络系统的行为等。一个单位如果遭到网络犯罪分子的袭击,轻者系统瘫痪,重者会遭受巨大的经济、政治等方面的损失。另外,网络犯罪还会给使用网络的单位带来许多法律纠纷,使单位陷入沼泽。某人上网时做出了不道德甚至是犯法的事,一旦被追究,往往最容易查到的就是该人的上网地址,如果这个人是利用单位的网络进行的犯罪行为,这将使单位陷入尴尬的境地。目前许多网站都拥有追踪访问者来源、分辨访问者所在单位的能力。世界各国的网络犯罪给使用网络的单位敲响了警钟。如何防止自己的员工利用单位的网络进行网络犯罪,如何教育员工安全操作,杜绝他人的网络犯罪侵害单位的网络安全及信息安全?这些问题尤其应引起使用网络的单位的足够重视。

(4)网络病毒。病毒在网络中的传播危害性更大,它可以引起企业网络瘫痪、重要数据丢失会给单位造成重大损失。这看似是使用网络中的防范病毒的技术问题,但是网络中病毒的传播与单位员工和单位管理人员的社会道德观念是分不开的。一方面,有些人出于各种目的制造和传播病毒;另一方面,广大的用户在使用盗版软件、收发来历不明的电子邮件及日常工作中的复制文件都有可能传播和扩散病毒。值得注意的是,有些员工使用企业的计算机与使用自己的计算机,对病毒的防范意识往往有明显的不同。

(5)窃取、使用他人的信息成果。互联网为人类带来了方便和快捷,同时也为网络知识产权的道德规范埋下了众多的隐患。一方面,我国无论是管理者还是普通的公民在信息技术知识产权方面的保护意识还不够。另一方面,许多人在信息技术(软件、信息产品等)侵权问题中扮演了不道德的角色,使用盗版软件、随意复制他人网站的信息技术资料。

(6)制造信息垃圾。互联网可以说是信息的海洋,随着网络的发展,许多有用的或无用的信息经常被人们成百上千次地复制、传播。

3.4.2 计算机网络道德建设

计算机网络的发展为人类的道德进步提供了难得的机遇,与此同时,也引发了许多前所未有的网络道德规范问题。加强网络道德建设,确立与社会进步要求相适应的网络道德和规范体系,尤为重要和紧迫。

(1)建立自主型道德。传统社会由于时空限制,交往面狭窄,在一定的意义上是一个"熟人社会"。依靠熟人(朋友、亲戚、邻里、同事等)的监督,慑于道德他律手段的强大力量,传统道德相对得到较好的维护,人们的道德意识较为强烈,道德行为相对严谨。然而网络社会更多的是"非熟人社会",在这个以因特网技术为基础的,需要更少人干预、过问、管理控制的网络道德环境下,要求人们的道德行为有更高的自律性,进行自我约束和自我控制。网络道德是一种自主型道德。鉴于网络社会的特殊性,更加要求网络主体具有较高的道德素质。这时,道德已从约束人们的力量提升到人们自觉寻求解决人类问题的一种重要手段,是人们为提升人格所追求的一种理想境界。因此,网络主体能否成为真正的道德主体,是建立自主型道德的首要任务,也是网络道德建设的核心内容。

(2)确定网络道德原则。网络社会的特点决定了网络道德的首要原则是平等。网络社会不像现实社会,人们的社会地位、拥有的财富、所受的教育和出身等诸多因素影响着一个人的学习和生活。无论其在现实社会中的情况如何,而在网络交往中,他们都是平等的。对于网络的资源,每个网络用户都拥有大致相同的权利。一定的网络,它的最高带宽是一定的,任何人网络传递的速度都无法超过带宽的限制。网络上普通的信息一般任何人都可以进行检索浏览,没有人可以享受特权。从这个角度说,网络社会比现实社会更有条件实现人类的最终平等。所以,网络道德的确定原则应该满足平等、自由和共享的原则。

(3)明确网络用户行为规范。可以说,遵守一般的、普遍的网络道德,是当代世界各国从事信息网络工作和活动的基本"游戏规则",是信息网络社会的社会公德。为维护每个网民的合法权益,大家必须用网络公共道德和行为规范约束自己,由此而产生了网络文化。

①网络礼仪。网络礼仪的主要内容有:使用电子邮件时应遵循的规则;上网浏览时应遵守的规则;网络聊天时应该遵守的规则;网络游戏时应该遵守的规则;尊重软件知识产权。

网络礼仪的基本原则是自由和自律。

②行为守则。在网上交流,不同的交流方式有不同的行为规范,主要交流方式有:"一对一"方式(如 E-mail)、"一对多"方式(如电子新闻)、"信息服务提供"方式(如 WWW、FTP)。

不同的交流方式有不同的行为规范。

"一对一"方式交流行为规范:不发送垃圾邮件;不发送涉及机密内容的电子邮件;转发别人的电子邮件时,不随意改动原文的内容;不给陌生人发送电子邮件,也不要接收陌生人的电子邮件;不在网上进行人身攻击,不讨论敏感的话题;不运行通过电子邮件收到的软件程序。

"一对多"方式交流行为规范:将一组中全体组员的意见与该组中个别人的言论区别开来;注意通信内容与该组目的的一致性,如不在学术讨论组内发布商业广告;注意区分"全体"和"个别";与个别人的交流意见不要随意在组内进行传播,只有在讨论出结论后,再将结果摘要发布给全组。

"信息服务提供"方式交流行为准则:要使用户意识到,信息内容可能是开放的,也可能针对特定的用户群。因此,不能未经许可就进入非开放的信息服务器,或使用别人的服务器作为自己信息传送的中转站,要遵守信息服务器管理员的各项规定。

3.4.3 软件知识产权

计算机软件(是指计算机程序及其有关文档)的研制和开发需要耗费大量的人力、物力和财力,是脑力劳动的创造性产物,是研制者智慧的结晶。为了保护计算机软件研制者的合法权益,增强知识产权和软件保护意识,我国政府于1991年6月颁布了《计算机软件保护条例》,并于同年的10月1日起开始实施。这是我国首次将计算机软件版权列入法律保护的范围。

《计算机软件保护条例》第十条指出:计算机软件的著作权属于软件开发者。与一般著作权一样,软件著作权包括了人身权和财产权。人身权是指发表权、开发者身份权;财产权是指使用权、许可权和转让权。第三条说明了"软件开发者"这一用语的含义:"指实际组织、进行开发工作,提供工作条件以完成软件开发,并对软件承担责任的法人或者非法人单位;依靠自己具有的条件完成软件开发,并对软件承担责任的公民"。

《计算机软件保护条例》第三十条指出,以下情况属于侵权行为:

(1)未经软件著作权人同意发表其软件作品。
(2)将他人开发的软件当作自己的作品发表。
(3)未经合作者同意,将与他人合作开发的软件当作自己单独完成的作品发表。
(4)在他人开发的软件上署名或者涂改他人开发的软件上的署名。
(5)未经软件著作权人或者其合法受让者的同意,修改、翻译、注释其软件作品。
(6)未经软件著作权人或者其合法受让者的同意,复制或者部分复制其软件作品。
(7)未经软件著作权人或者其合法受让者的同意,向公众发行、展示其软件的复制品。
(8)未经软件著作权人或者其合法受让者的同意,向任何第三方办理其软件的许可使用或者转让事宜。

用户如果有上述侵权行为,将按其情节轻重"承担停止侵害、消除影响、公开赔礼道歉、赔偿损失等民事责任,并可以由国家软件著作权行政管理部门给予没收非法所得、罚款等行政处罚。"违法行为特别严重者,还将承担刑事责任。

本模块习题

1. http://www.cqjy.edu.cn 中的 HTTP 代表(　　)。
   A. 主机　　　　　B. 地址　　　　　C. 协议　　　　　D. TCP/IP
2. Internet 中,一个 IP 地址由(　　)位二进制数组成。
   A. 8　　　　　　B. 16　　　　　　C. 32　　　　　　D. 64
3. 在计算机网络中,表征数据传输可靠性的指标是(　　)。
   A. 传输率　　　　B. 误码率　　　　C. 信息容量　　　D. 频带利用率
4. (　　)是正确的电子邮箱名称。
   A. lxx.163.net　　　　　　　　　B. lxx.163.net.com
   C. lxy@.163.net　　　　　　　　D. lxy@163.net
5. 计算机之间通过各种传输介质相连,按传输速度由慢到快来排列,顺序正确的是(　　)。
   A. 双绞线、同轴电缆、光纤　　　　B. 同轴电缆、双绞线、光纤
   C. 同轴电缆、光纤、双绞线　　　　D. 双绞线、光纤、同轴电缆
6. 计算机局域网与广域网最显著的区别是(　　)。
   A. 后者可传输的数据类型要多于前者　　B. 前者网络传输速度较慢
   C. 前者传输范围相对较小　　　　　　　D. 前者的误码率较高
7. 用来补偿数字信号在传输过程中的衰减损失的设备是(　　)。
   A. 集线器　　　　B. 中继器　　　　C. 调制解调器　　D. 路由器
8. UPS 是指(　　)。
   A. 中央处理器　　B. 大功率稳压器　C. 不间断电源　　D. 用户处理系统
9. 广域网和局域网的英文缩写分别是(　　)。
   A. ISDN 和 ATM　　　　　　　　B. FFDI 和 CBX
   C. Internet 和 Intranet　　　　　　D. WAN 和 LAN
10. 下面的 IP 地址表示正确的是(　　)。
    A. 203.10.14.50　　　　　　　　B. 256.14.0.56
    C. 15.258.67.11　　　　　　　　D. 256.45.34.0

模块四

WPS文字处理应用

随着信息化的不断发展,办公软件已经成为日常办公中不可或缺的工具。WPS Office(简称 WPS)是由北京金山办公软件股份有限公司自主研发的一款办公软件套装,包含文字、表格、演示三大基础组件,能无障碍兼容微软 Office 格式的文档。

另外,随着软件的不断升级和优化,WPS 所包含的功能也越来越丰富,例如 PDF 阅读功能、流程图、脑图、图片设计以及表单等工具,可以满足用户日常使用需求。在日常办公中,不论是制作计划书、起草合同,还是进行工作总结,都离不开文字文档的处理。"WPS 文字"是一款文字处理软件,可用于制作各种图文类办公文档。本文以 WPS OFFICE 考试认证版来介绍 WPS 文字处理的应用。

任务 1　WPS 文档的创建和编辑

本章将详细介绍 WPS 文档的基础操作,包括创建与保存文档、输入和编辑文档内容。通过本章的学习,读者可以制作出一些简单的文档。

学习目标

掌握文档的创建、保存,理解自动保存。
掌握文档内容的输入,包括中英文、特殊符号、自动插入日期时间等。
掌握文字的复制、粘贴、移动、删除、查找和替换等功能操作。

知识点

创建与保存文档,输入文档内容,编辑文档内容。

1.1　创建与保存文档

图 4-1-1　启动 WPS Office

1.1.1　新建文档

新建 WPS 文档前首先需要启动 WPS 程序,用鼠标双击桌面上的"WPS Office"程序图标 即可启动 WPS 程序。如果桌面上没有 WPS 的程序图标,可以在【开始】菜单中选择【所有程序】→【WPS Office】→【WPS Office】命令来启动,如图 4-1-1 所示。

软件启动完成后,在主界面中单击【新建】按钮进入【新建】页面,在窗口上方选择要新建的程序类型,如【文字】,选择后单击下方的【+新建空白文档】按钮,即可新建名为"文字文稿1"的空白文档,如图 4-1-2 所示。

模块四　WPS 文字处理应用

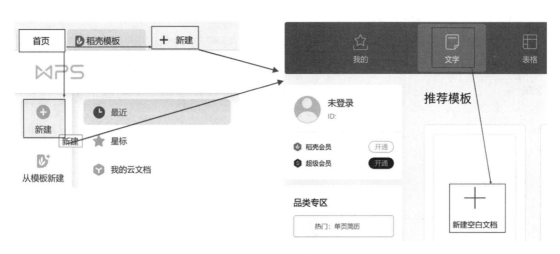

图 4-1-2　新建空白文档

除了用上述方法新建空白 WPS 文档外，还可以通过下面的方法创建文档：
（1）在打开的 WPS 文档中单击标题选项卡右侧的【+】按钮，可以打开新建文档界面。
（2）在打开的 WPS 文档中按下〈Ctrl + N〉组合键，可直接创建一个空白的 WPS 文档。
（3）在操作系统桌面或文件夹窗口中用鼠标右键单击空白处，在弹出的快捷菜单中选择【新建】→【DOCX 文档】命令，即可创建一个空白的 WPS 文档，用鼠标双击其图标即可打开它。

1.1.2　根据模板创建新文档

除了新建空白文档外，用户也可以使用模板创建新文档。模板是一种拥有固定格式和内容的文档，用户只需要根据模板提示填入相应的内容即可制作出专业的文档。WPS 模板分为免费模板和收费模板两种，下面以免费模板为例进行介绍。
（1）打开 WPS 的新建文档页面，选择要新建的文档类型，单击其缩略图，进入模板详情页面，如图 4-1-3 所示。

图 4-1-3　模板详情页面

(2)确定使用某模板则单击【免费使用】按钮。

(3)下载完成后将打开模板文档,用户只需根据实际情况对模板内容进行填写和编辑即可,如图 4-1-4 所示。

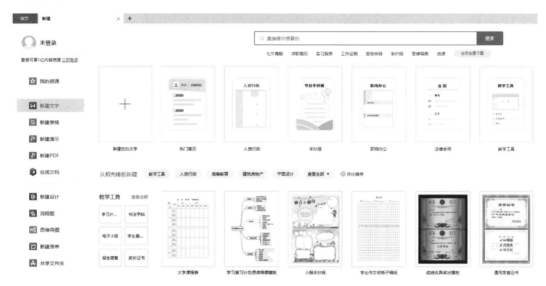

图 4-1-4　打开的模板文档

1.1.3　保存文档

1)保存

对于新建的文档,需要进行保存操作后才能将其以文件的形式存储在计算机中,以便日后使用或继续编辑。要保存文档,只需单击窗口左上方快捷工具栏中的【保存】按钮,或单击【文件】按钮,从列表中选择【保存】选项,在弹出的【另存为】对话框中设置保存路径、文件名和文件类型(默认为 Word 文件,扩展名为 docx;也可以单击【文件类型】下拉按钮,选择【WPS 文字　文件】,扩展名为 wps),然后单击【保存】按钮即可,如图 4-1-5 所示。

在文档编辑过程中,需要随时对文档进行保存,以防止因断电、死机或系统异常等情况而造成信息丢失。

对已有文档再次进行保存时,不会再弹出【另存为】对话框,而是直接覆盖原文档。

如果需要另存文档,可单击左上角的【文件】按钮,然后在打开的菜单中选择【另存为】命令即可。

由于在 Windows 操作系统中同一目录下不能存在两个具有相同文件名的文件,因此,在另存文件时需要对文件进行重命名,或将其保存到其他路径中。

2)自动保存文档

WPS 提供了自动保存的功能,即隔一段时间系统自动保存文档,需要用户来设置文档保存选项。

模块四 WPS 文字处理应用

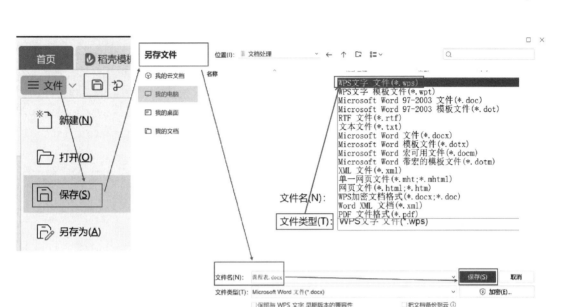

图 4-1-5 保存文档

在 WPS 窗口中单击【文件】按钮,然后在弹出的菜单中选择【备份与恢复】→【备份中心】命令,弹出【备份中心】对话框,单击【设置】按钮,根据需要设置定时备份即可,如图 4-1-6 所示。

图 4-1-6 自动保存文档

> **办公小技巧**
> 定时备份的时间间隔一般设置为 5～15min 比较合适,因为间隔时间太长,意外事故就会造成较大的损失;而间隔时间太短,频繁的存盘又会干扰用户正常工作。

1.1.4 打开文档

若要对计算机中已有的文档进行编辑,首先需要先将其打开。一般来说,先进入该文档的存放路径,再用鼠标左键双击文档图标,即可将其打开。此外,还可以通过【打开】命令打开文档,具体操作有以下两种:

(1)在 WPS 窗口中单击【文件】按钮,然后在弹出的菜单中选择【打开】命令,弹出【打开】对话框,找到并选中要打开的文档,单击【打开】按钮即可。

(2)在 WPS 窗口中按下〈Ctrl + O〉组合键,可直接弹出【打开】对话框。

1.2 输入文档内容

在新建了空白文档后,就可以在其中输入文档内容了。输入和编辑文本内容是 WPS 文档最基本的功能,下面就从输入文本内容开始进行讲解。

1.2.1 输入文本内容

在文档编辑区中有一根不断闪烁的竖线,叫作光标插入点,光标插入点所在的位置即文本输入的位置。切换到自己惯用的输入法,然后输入相应的文本内容即可。

在输入文本的过程中,光标插入点会自动向右移动。当一行的文本输入完毕后,光标插入点会自动转到下一行。在没有输入满一行文字的情况下,若需要开始新的段落,可按下【Enter】键换行。

在输入过程中,如果出现输入错误,可以按下【BackSpace】键来删除光标前的字符,或在选中要删除的内容后按下【Delete】键来删除。

1)输入英文

(1)进行英文输入时,可通过键盘直接输入。敲击键盘,可直接输入小写字母。

(2)键盘中的【Caps Lock】键为英文字母大/小写状态切换键。在小写状态下敲击该键后,键盘右上方的"A"灯亮,输入的英文字母为大写;在大写状态下敲击该键后,"A"灯灭,输入的英文字母为小写。

(3)在英文字母小写状态下,通过组合键〈Shift + 英文字母〉,可输入相应大写字母;反之,在大写状态下,通过〈Shift + 英文字母〉,可输入相应的小写字母。

2)中文的输入

(1)单击窗口右下角任务栏中的输入法按钮,弹出输入法菜单。

(2)在输入法菜单中选取自己会用的中文输入法选项。

（3）运用键盘便可输入汉字。

（4）需要换行时，可敲击键盘中的【Enter】键。

注意：若需要中、英文交替输入，可以通过按〈Ctrl + 空格〉组合键（注：不同计算机组合键可能不同）实现中、英文输入法的切换。

1.2.2 在文档中插入特殊符号

除了输入普通的文字、数字外，还经常需要插入一些符号，对于常用的标点符号，如逗号","、句号"。"、问号"？"、冒号"："等，可以通过键盘直接输入，而一些键盘上没有的特殊符号，例如¥、☺等，则可以使用相关功能来插入。

单击【插入】按钮切换到【插入】选项卡，单击【符号】下拉按钮。在弹出的下拉列表中，可以看到常用符号，单击某个符号即可完成插入，如图4-1-7所示。

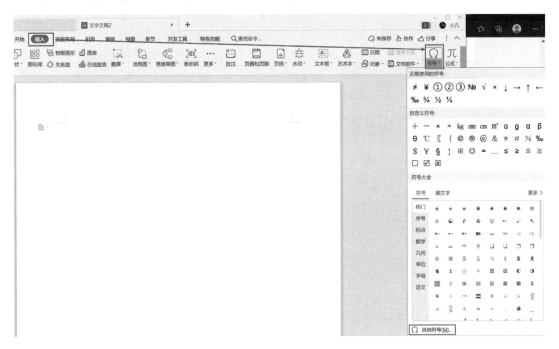

图4-1-7　利用【符号】下拉列表插入符号

若没有找到需要的，选择【其他符号】命令，弹出【符号】对话框。在【字体】下拉列表中选择【Wingdings】选项；在下面的符号列表中找到并选中要插入的符号，单击【插入】按钮即可，如图4-1-8所示。

1.2.3 快速输入日期和时间

除了可以手动输入外，还可以使用文档自带的日期插入功能快速输入当前的日期和时间。

选择【插入】选项卡，然后单击【日期】按钮，弹出【日期和时间】对话框。在"可用格式"列表框中选择一种日期格式，如2022年9月4日，单击【确定】按钮即可，如图4-1-9所示。

信息技术(基础模块)

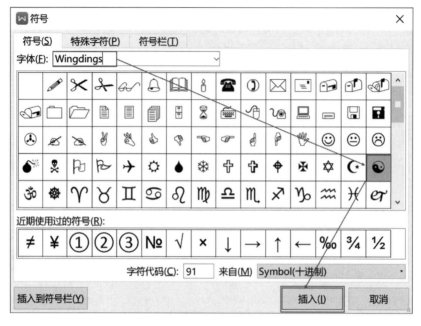

图 4-1-8　利用【符号】对话框插入符号

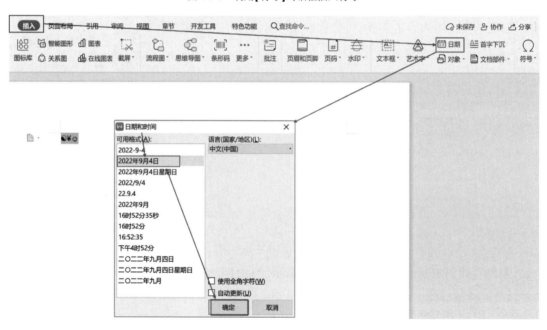

图 4-1-9　插入当前的日期和时间

1.3　编辑文档内容

在文档中输入相应的内容后,还可运用复制、粘贴、移动、删除、查找和替换等功能对这些内容进行相应的编辑,从而使文档更加完善。

1.3.1 定位光标

在编辑文档的过程中,常常需要重新定位光标插入点,以便进行输入或修改。在通常情况下,我们可以使用鼠标来定位光标插入点。将鼠标指针移动到文档编辑区中,在需要插入光标的位置单击鼠标左键即可。

此外,我们还可以通过键盘来控制光标插入点的位置:

(1)按下方向键(↑、↓、→或←),光标插入点将向相应的方向移动。

(2)按下【End】键,光标插入点向右移动至当前行行末;按下【Home】键,光标插入点向左移动至当前行行首。

(3)按下〈Ctrl + Home〉组合键,光标插入点可移至文档开头;按下〈Ctrl + End〉组合键,光标插入点可移至文档末尾。

(4)按下【Page Up】键,光标插入点向上移动一页;按下【Page Down】键,光标插入点向下移动一页。

1.3.2 选择文本

对文本进行复制、移动、删除或设置格式等操作时,要先将其选中,从而确定编辑的对象。根据选中文本内容的多少,可将选择文本分为以下几种情况:

(1)选择词组:双击要选择的词组。

(2)选择任意连续文本:将光标插入点定位到需要选择的文本起始处,然后按住鼠标左键不放并拖动,直至需要选择的文本结尾处释放鼠标,即可选中文本,选中的文本将以灰色背景显示。使用〈Shift + 方向键〉可以从当前光标处开始进行连续选择。

(3)选择一行:将鼠标指针指向某行左边的空白处,当指针呈" "形状时,单击鼠标左键即可选中该行全部文本。

(4)选择多行:将鼠标指针指向左边的空白处,当指针呈" "形状时,按住鼠标左键不放,并向下或向上拖动鼠标即可。

(5)选择一个段落:将鼠标指针指向某段落左边的空白处,当指针呈" "时,双击鼠标左键即可选中当前段落。将光标插入点定位到某段落的任意位置,然后连续单击鼠标左键3次也可选中该段落。

(6)选择超长文本:用户只需将光标定位在需要选择文本的开始位置,然后用滚动条代替光标向下移动文档,直到看到想要选择部分的结束处,按住【Shift】键,然后单击要选择文本的结束处,这样从开始到结束处的这段文本内容就会全部被选中。

(7)选择矩形区域:按住【Alt】键的同时按住鼠标左键并拖动,框选出的矩形区域内的文本将被选中。

(8)选择分散文本:在文档中,首先使用拖动鼠标的方法选择一个文本,然后按住 Ctrl 键,依次选择其他文本,就可以选择任意数量的分散文本了。

(9)选择整篇文档:将鼠标指针指向某段落左边的空白处,当指针呈" "时,连续单击鼠标左键3次,或按下〈Ctrl + A〉组合键,可选中整篇文档。

> ▶办公小技巧
>
> 使用组合键选择文本。

除了使用鼠标选择文本外,用户还可以使用键盘上的组合键选择文本。在使用组合键选择文本前,用户应根据需要将光标定位在适当的位置,然后再按相应的组合键选择文本。

"WPS 文字"提供了一整套利用键盘选择文本的方法,主要是通过 Shift、Ctrl 和方向键来实现,具体的操作方法见表4-1-1。

利用键盘选择文本的方法　　　　　　　　　　　表 4-1-1

快 捷 键	功　　能
Ctrl + A	选择整篇文档
Ctrl + Shift + Home	选择光标所在处至文档开始处的文本
Ctrl + Shift + End	选择光标所在处至文档结束处的文本
Alt + Ctrl + Shift + Page Up	选择光标所在处至本页开始处的文本
Alt + Ctrl + Shift + Page Down	选择光标所在处至本页结束开始处的文本
Shift + ↑	向上选中一行
Shift + ↓	向下选中一行
Shift + ←	向左选中一个字符
Shift + →	向右选中一个字符
Ctrl + Shift + ←	选择光标所在处左侧的词语
Ctrl + Shift + →	选择光标所在处右侧的词语

1.3.3 复制与移动文本

在编辑文档的过程中,经常会遇到需要重复输入部分内容,或者将某个词语或段落移动到其他位置的情况,此时通过复制或移动操作可以大大提高文档的编辑效率。

1)复制文本

对于文档中内容重复部分的输入,可通过复制、粘贴操作来完成,从而提高文档编辑效率,复制文本的方法主要有以下4种。

(1)通过功能命令:选中要复制的文本内容,切换到【开始】选项卡,单击【复制】按钮,然后将光标插入点定位在要输入相同内容的位置,单击【粘贴】按钮即可。

(2)通过快捷菜单:选中文本后,使用鼠标右键对其单击,在弹出的快捷菜单中选择【复制】命令,可执行复制操作。复制文本后,使用鼠标右键单击光标插入点所在位置,在弹出的快捷菜单中选择【粘贴】命令即可。

(3)通过组合键:选中文本后按下〈Ctrl + C〉组合键,可执行复制操作。复制文本后,按下〈Ctrl + V〉组合键,可执行粘贴操作。

(4)左键拖动:选中文本,按住【Ctrl】键,同时按鼠标左键将其拖动至目标位置,松开鼠标左键即可。在此过程中鼠标指针右下方会出现一个"+"号。

2)移动文本

在编辑文档的过程中,如果需要将某个词语、句子或段落移动到其他位置,可通过剪切、粘贴操作来完成。移动文本的方法主要有以下 4 种。

(1)通过功能命令:选中要移动的文本内容,切换到【开始】选项卡,单击【剪切】按钮,然后将光标插入点定位在要移动的位置,单击【粘贴】按钮即可。

(2)通过快捷菜单:选中文本后,使用鼠标右键对其单击,在弹出的快捷菜单中选择【剪切】命令,可执行剪切操作。剪切文本后,使用鼠标右键单击光标插入点所在位置,在弹出的快捷菜单中选择【粘贴】命令即可。

(3)通过组合键:选中文本后按下〈Ctrl + X〉组合键,可执行剪切操作。剪切文本后,按下〈Ctrl + V〉组合键,可执行粘贴操作。

(4)左键拖动:选中要移动的文本内容,按鼠标左键将其拖动至目标位置,松开鼠标左键即可。

1.3.4 查找与替换功能的使用

如果想知道某个词或某句话在文档中的位置,可以使用文档的查找功能进行查找。当发现某个字或词全部输入错了,可通过替换功能进行替换,以达到事半功倍的效果。

1)查找文本

若要查找某文本在文档中出现的位置,或要对某个特定的对象进行修改操作,可通过查找功能将其找到,操作方法如下。

(1)选择【开始】选项卡,单击【查找替换】按钮,弹出【查找和替换】对话框。

(2)在【查找】选项卡的【查找内容】文本框中输入要查找的文本,单击【查找下一处】按钮,如图 4-1-10 所示。

(3)查找到对应的结果后,会自动跳转到结果所在的页面,并选中相应的文本,如果要继续查找,则继续单击【查找下一处】按钮。

2)替换文档内容

如果发现文档中有多处相同文本需要更改,可通过替换功能进行统一替换,操作方法如下。

(1)在【开始】选项卡中单击【查找替换】下拉按钮,在弹出的下拉列表中选择【替换】命令,弹出【查找和替换】对话框。

(2)在【替换】选项卡的【查找内容】文本框中输入要替换的内容,在【替换为】文本框中输入替换后的内容。单击【替换】或【全部替换】按钮。

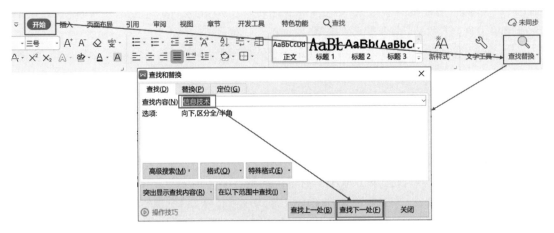

图 4-1-10　查找文本

（3）弹出提示对话框显示替换结果，单击【确定】按钮即可，如图 4-1-11 所示。

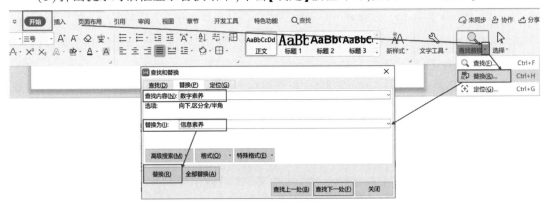

图 4-1-11　替换文本

应用【查找和替换】对话框不仅可以对文字进行查找和替换，还可以查找指定的格式、段落标记、分页符和其他项目等。

注意：在校对或审阅过程中，查找和替换文本可以帮助用户在文档中快速查找或删改多个分散在文档中的相同内容，在默认情况下，替换和查找是从光标当前位置开始，向下到文档结尾处结束的。

1.3.5　撤销与恢复操作

在编辑文档的过程中，程序会自动记录执行过的操作，当执行了错误操作时，可通过撤销功能来撤销前一操作，从而恢复到误操作之前的状态，其方法有以下几种：

（1）单击快速访问工具栏中的【撤销】按钮，可撤销上一步操作，继续单击该按钮，可撤销多步操作。

（2）按下〈Ctrl + Z〉组合键，可撤销上一步操作，继续按下该组合键可撤销多步操作。

撤销某一操作后，可通过恢复功能取消之前的撤销操作，其方法有以下几种：

（1）单击快速访问工具栏中的【恢复】按钮，可恢复被撤销的上一步操作，继续单击该按钮,可恢复被撤销的多步操作。

(2)按下〈Ctrl + Y〉组合键可恢复被撤销的上一步操作,继续按下该组合键可恢复被撤销的多步操作。

撤销和恢复按钮如图 4-1-12 所示。

图 4-1-12　撤销与恢复

任务 2　文档格式排版

对于一篇文档来说,编排规范、结构清晰、设计良好的文字和段落,可以给人留下美好的印象,能让人更加轻松地阅读。反之,就会给人造成阅读障碍,影响阅读感受。因此,规范地编排和设计文档中的文字和段落十分重要。本任务将详细介绍文档排版和打印的相关知识。

学习目标

掌握字符格式的设置,包括字体、字号、字体颜色、加粗、倾斜、下划线和字符间距等。
掌握段落格式的设置,包括段落对齐方式、段落缩进、段间距及行间距等。
熟悉一些特殊版式的设置,包括项目符合与编号、首字下沉、分栏等。
掌握页面设置和打印,包括纸张大小、页边距、页面边框和页面背景等。

知识点

设置字符格式,设置段落格式,应用特殊版式,页面设置和打印。

2.1　设置字符格式

在 WPS 文档中输入文本后,为了能突出重点、美化文档,可对文本设置字体、字号、字体颜色、加粗、倾斜、下划线和字符间距等格式,从而让千篇一律的文字样式变得丰富多彩。

2.1.1　利用【字体组】设置字符格式

在文档中输入文本时,默认显示的字体为"宋体",字号为"五号",字体颜色为"黑色",根据文档需要,我们可以对文本格式进行设置。

选中要设置的文本后,在【开始】选项卡中单击【字体】下拉按钮,在弹出的下拉列表中即可选择文本字体;单击【字号】下拉按钮,在弹出的下拉列表中即可选择文本字号;单击【字体颜色】下拉按钮,在弹出的下拉列表中即可选择文本颜色。如图 4-2-1 所示。

字体补充说明:通常情况下,系统自带的中文字体非常有限,尽管可以满足大部分普通文档的需要,但对于一些设计感较强的文档,如海报、传单、卡片、报纸、杂志等来说,就略显不足了。用户可以下载并安装一些特殊字体,以满足设计需要。

信息技术(基础模块)

a)默认格式　　　　　b)设置字符格式　　　　　c)更改格式后

图 4-2-1　利用【字体组】设置字体、字号和颜色

字号补充说明:对于字号的大小,有两种表达方式,一种是中文表达方式,如"五号""小四""三号"等,最大为"初号"。另一种单位为"磅",以"磅"为单位时,只需直接输入或选择相应的阿拉伯数字即可,如"11"磅、"15"磅、"30"磅等,数字越大,字号越大。我们经常使用的"五号"与10.5"磅大小相等,而"初号"则等于"42"磅。当需要制作比"初号"更大的字体时,我们可以直接输入大于"42"的磅值,例如"80"磅、"100"磅等,即可制作出超大字。

在设置文本格式的过程中,有时还可对某些文本设置加粗或倾斜效果,以达到强调的作用。

设置加粗、倾斜效果的方法为:选中要设置加粗效果的文本,单击【开始】选项卡中的【加粗】按钮,即可设置加粗效果;选中要设置倾斜效果的文本,然后单击【倾斜】按钮,即可设置倾斜效果。

要取消加粗或倾斜效果,只需选中该文本,然后再次单击相应的功能按钮即可。

同理,可选中相应文本,为文本设置删除线和着重号效果,设置上标和下标,为文本添加下划线等。删除线表示该内容需要删除,以贯穿文字的横线表示;着重号表示强调,以文字下方的黑点表示。在某些计量单位或数学公式中,会遇到需要设置上标或下标的情况,如 m^2、X_2 等。对于某些需要特别强调的段落或文字,可以为其添加下划线。如图 4-2-2 所示。

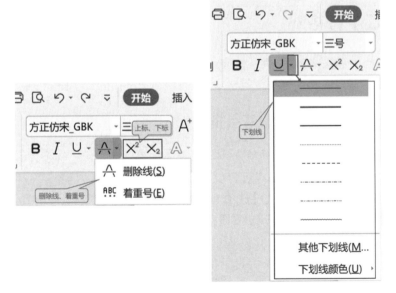

图 4-2-2　利用【字体组】设置上标下标、着重号、下划线等

2.1.2 利用【字体】对话框设置字符格式

选中文本,在【开始】选项卡中单击【字体】对话框启动器按钮,打开【字体】对话框,在【字体】选项卡中也可以设置文本的字体、字形、字号、字体颜色等,如图 4-2-3 所示。

图 4-2-3　打开【字体】对话框

2.1.3 设置字符间距

为了让文档阅读更加轻松,有时还需要设置字符间的距离,通过调整字符间距可使文字排列得更紧凑或者更疏散。设置字符间距的方法如下。

选中要设置字符间距的文本,在【开始】选项卡中单击【字体】对话框启动器按钮,打开【字体】对话框。

对话框,切换到【字符间距】选项卡。在【间距】下拉列表中选择需要的类型,如【加宽】。在其后的【值】数值框中输入间距值,或使用默认设置。

设置完成后点击【确定】按钮,返回文档,即可看到设置效果,如图 4-2-4 所示。

2.1.4 使用快捷键设置字符格式

〈Ctrl + B〉:加粗快捷键。再次按下则取消加粗。

图 4-2-4　设置字符间距

〈Ctrl + U〉:下划线快捷键。再次按下则取消下划线。特别提示:按下快捷键只能给被选中的文本添加一条与文字同色的下划单线,不能选择线型和颜色。

〈Ctrl + I〉:倾斜快捷键。再次按下则取消倾斜。

〈Ctrl + =〉:下标快捷键。再次按下则取消下标。

〈Ctrl + Shift + 加号〉:上标快捷键。再次按下则取消上标。

〈Shift + f3〉:更改字母大小写快捷键。按下一次,被选中单词的首字母大写,按下两次,被选中单词所有字母大写,第三次按下,被选中单词恢复到小写。

〈Ctrl + Shift + A〉:将所有字母设为大写。按下一次,被选中字母全部大写,再次按下,被选中字母恢复到小写。

2.1.5　使用【格式刷】工具设置字符格式

格式刷是一个非常实用的工具,使用它能够将选定对象的格式复制到另一个对象上。在对文档进行排版的过程中,经常遇到将多处不连续的文本设置成相同的格式或者相同的段落格式,这时就可以用【格式刷】按钮获取相同的格式。使用【格式刷】的步骤如下:

(1)选择具有要复制格式的文本或图形,然后单击在【常用】工具栏上的格式刷按钮,这时格式刷工具会将该文本或图形的格式复制到剪贴板。

(2)鼠标指针移到编辑区后会变成一个画刷图标,用鼠标左键拖动选择要改变格式的文本或图形,释放鼠标后,所有选定的文本或图形的格式,都变为与把第一步选定的文本或图形格式相同,且鼠标指针恢复为原来的形状。

> ▶操作小技巧
>
> 要将格式应用到多个文本或图形块,可以双击【格式刷】,然后可以连续选择多个文本或图形,修改其格式。格式修改完成后,单击【格式刷】按钮,鼠标指针恢复为原来的形状。

2.2　设置段落格式

段落格式是文章划分的基本单位,也是文档排版的基本单位。段落是整篇文档的骨架,设置字符格式体现了文档中细节上的设置,段落格式的设置则是帮助用户设计文档的整体外观。所以,为了使文档更加美观,必须考虑段落的设置,包括段落对齐方式、段落缩进、段间距及行间距。

2.2.1　设置段落缩进

段落的缩进方式有左缩进、右缩进、首行缩进和悬挂缩进 4 种,如图 4-2-5 所示。

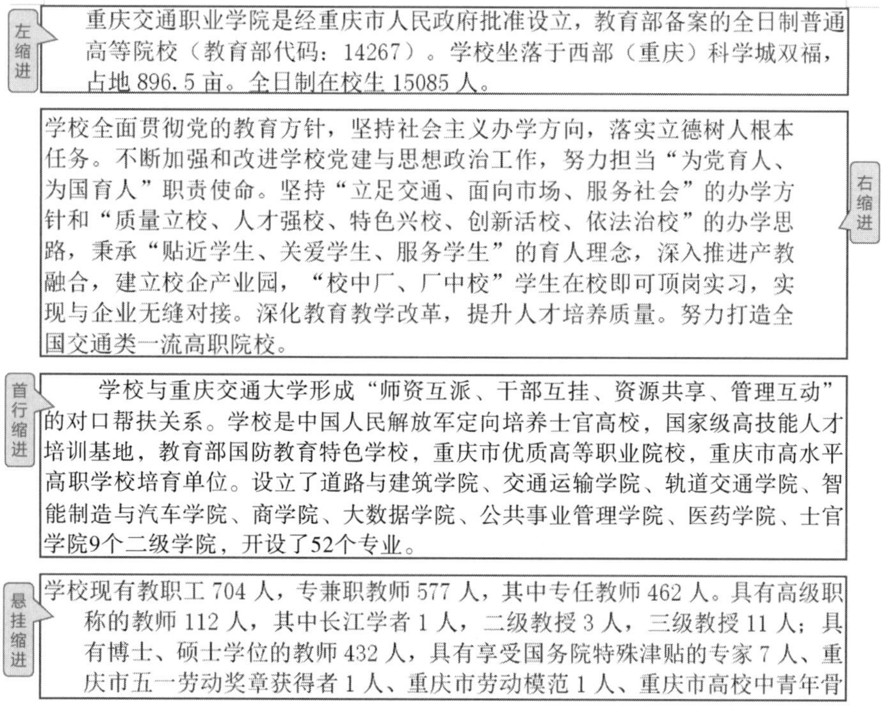

图 4-2-5　4 种段落的缩进方式

(1)左缩进:指整个段落左边界距离页面左侧的缩进量。

(2)右缩进:指整个段落右边界距离页面右侧的缩进量。

(3)首行缩进:指段落首行第 1 个字符的起始位置距离页面左侧的缩进量。大多数文档都采用首行缩进方式,缩进量为两个字符。

(4)悬挂缩进:指段落中除首行以外的其他行距离页面左侧的缩进量。悬挂缩进方式一般用于一些较特殊的场合,如杂志、报刊等。

若需要设置段落的缩进方式,可在"段落"对话框中实现,方法如下:

(1)将光标定位到需要设置段落缩进的段落中,或选中要设置的段落。

(2)单击鼠标右键,在弹出的快捷菜单中选择【段落】命令,打开【段落】对话框;或者选择【开始】选项卡,单击工具栏中【段落】组右下角的对话框启动器按钮,打开【段落】对话框。

在【缩进和间距】选项卡的【缩进】选项组中即可进行设置,其中【文本之前】代表左缩进,【文本之后】代表右缩进;在【特殊格式】下拉列表中可以选择【首行缩进】或【悬挂缩进】命令,如图 4-2-6 所示。

段落缩进也可以使用标尺调整:拖动水平标尺(横排)上相应的缩进滑块到合适位置即可,如图 4-2-7 所示。其中:

△——在左、右两边都有的滑块,在左边的为悬挂缩进滑块,在右边的为右缩进滑块。

▽——只在左边有,为首行缩进滑块。

□——只在左边有,为左缩进滑块。

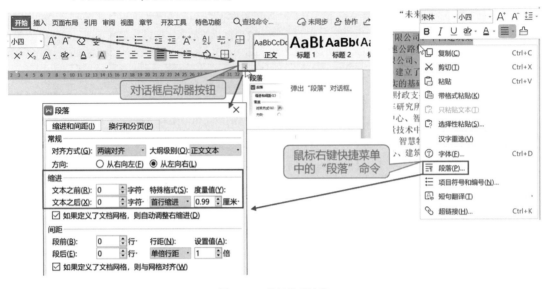

图 4-2-6 设置段落缩进

图 4-2-7 利用标尺设置段落缩进

注意:如果缩进值被设置为负数,行首和行尾字符就会溢出文档的左右页边距线,也就是说,行首字符会在左边距线的左侧,而行尾字符会在右边距线的右侧。在设置缩进时,用户可以单独设置左缩进或右缩进,也可以设置左右同时缩进。

2.2.2 设置段落对齐方式

对齐方式是指段落在文档中的相对位置,段落的对齐方式有左对齐、居中对齐、右对齐、两端对齐和分散对齐5种。

(1)左对齐方式。左对齐方式是段落中每一行的行首字符紧贴左侧页边距线对齐,如果该行未写满,则文字向左侧页边距线靠拢,字间距不改变。段落文本左对齐是常用的段落对齐方式。

(2)右对齐方式。右对齐也很有用,尤其是在进行信函和表格处理时。比如,日期就要经常使用右对齐。

(3)居中对齐方式。居中对齐是文本位于文档上左右边界的中间,一般文章的标题都采用该对齐方式。

(4)两端对齐方式。段落的两端对齐方式是段落中完整的行,行首字符和行尾字符紧贴左右面边距线对齐,未写满的行则执行左对齐,字间距不改变,这个设置能使打印出来的文稿十分整洁。这种对齐方式是文档中最常用的,也是系统默认的对齐方式。

(5)分散对齐方式。段落的分散对齐方式和两端对齐方式排版很相似,其区别在于两端对齐方式排版在一行文本未输满时是左对齐,而分散对齐方式排版则是将未输满的行的首尾仍与前一行对齐,而且平均分配字符间距。分散对齐多用于一些特殊的场合,例如,当姓名字数不相同时就常使用分散对齐方式排版。

对齐方式可以通过【开始】选项卡中的【段落】组进行设置,也可以通过【段落】对话框进行设置,如图4-2-8所示。

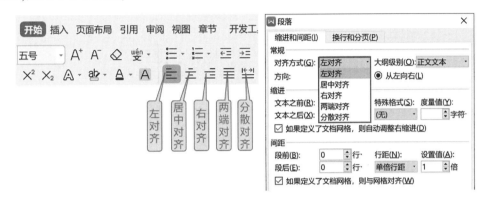

图4-2-8 设置段落对齐方式

(1)使用"开始"选项卡中的5个对齐方式按钮。要设置段落对齐方式,只需将光标定位到需要设置的段落中,或选中要设置的段落,然后在【开始】菜单中单击相应的对齐按钮即可。

(2)使用【段落】对话框。选中文档中的段落或文字,切换至【开始】选项卡,单击工具栏中【段落组】右下角的对话框启动器按钮,打开【段落】对话框。切换至【缩进和间距】选项卡,在【常规】组合框中的【对齐方式】下拉列表框中选择相应的对齐选项即可。

2.2.3 调整段落的间距和行距

间距是指相邻两个段落之间的距离,分为段前距和段后距;行距是当前行文字的底部到下一行文字底部的距离,在默认情况下,WPS Word会自动调整行距以容纳行内的字符和图形。当然,用户也可以根据自己的需求对行距进行设置。

设置间距和行距的方法如下:

(1)设置间距:将光标定位到要设置间距的段落中,或选中要设置的段落,单击鼠标右键,在弹出的快捷菜单中选择【段落】命令,打开【段落】对话框,在【缩进和间距】选项卡的【间距】栏中,通过【段前】数值框可设置段前距,通过【段后】数值框可设置段后距。

(2)设置行距:将光标定位到要设置行距的段落中,或选中要设置的段落,打开【段落】对话框,在【缩进和间距】选项卡的【间距】栏中,通过【行距】下拉列表选择设置行距的方式,然后在【设置值】数值框中输入行距值即可(图4-2-9)。

2.2.4 为段落设置边框和底纹效果

在制作文档时,为了能突出显示重点内容,或美化段落文本,可以对段落设置边框或底纹效果。下面练习对文档中的段落设置边框和底纹效果,操作方法如下。

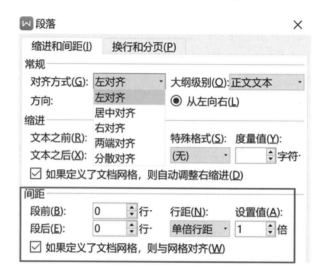

图4-2-9 调整段落的间距和行距

1)设置段落底纹

选中要设置底纹的段落,单击【开始】选项卡中的【底纹颜色】下拉按钮。在弹出的下拉列表中选择需要的颜色,如图4-2-10所示。

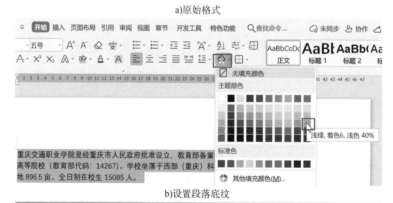

图4-2-10 设置段落底纹

2)设置段落边框(图4-2-11)

(1)选中要设置边框的段落,单击【开始】选项卡中的【边框】下拉按钮。

(2)在弹出的下拉列表中选择【边框和底纹】命令。
(3)弹出【边框和底纹】对话框,在【设置】组中选择如【方框】命令。
(4)设置边框的【线型】、【颜色】和【宽度】。
(5)完成后单击【确定】按钮。

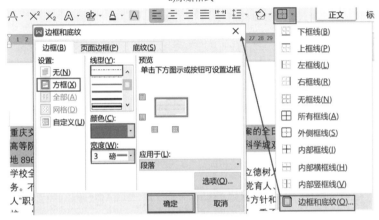

图 4-2-11　设置段落边框

2.3　应用特殊版式

对文档进行排版时,还可以对其设置一些特殊版式,如项目符号与编号、首字下沉、分栏等,以丰富文档版面。下面分别对这些版式的设置方法进行讲解。

2.3.1　添加项目符号和编号

在对文档进行处理的过程中,经常需要用到在段落前面加上项目符号和编号来清楚地表达某些内容之间的并列关系和顺序关系,使用项目符号和编号可以使文档层次更加分明,重点突出。项目符号可以是字符,也可以是图片;编号是连续的数字和字母,项目符号和编号的差别是前者使用的是相同的前导符号,而后者使用的是连续变化的数字或者字母。

1)项目符号

为段落添加项目符号的方法为:选中需要添加项目符号的段落,然后单击【开始】选项卡中的【项目符号】按钮 ≡· 即可。

默认的项目符号样式为实心圆点,如果希望使用其他样式的项目符号,可以单击"项目符号"按钮旁的下拉按钮,在弹出的下拉列表中进行选择,或选择【自定义项目符号】命令进行设置,如图 4-2-12 所示。

图 4-2-12　添加项目符号

注意:在含有项目符号的段落中,按下【Enter】键新建段落时,会在下一段自动添加相同样式的项目符号,此时若直接按下【Backspace】键或再次按下【Enter】键,可取消自动添加项目符号。

2)编号

创建编号的方法如下:

(1)自动创建:在段首输入"一、""1.""(1)""(a)"等,按 Enter 键后,系统将自动生成带有同类符号的新段落,例如"二、""2""(2)""(b)"等。

(2)选中需要添加编号的段落,在【开始】选项卡中单击【编号】按钮 ≡· 即可,以后的操作方法和(1)相同。

2.3.2 对文档进行分栏排版

分栏排版是指将文本设置成多栏格式,这样会使文本更便于阅读,版面显得更生动一些。

对文档进行分栏排版的方法为:选中要设置为分栏排版的文本,切换到【页面布局】选项卡,单击【分栏】下拉按钮,在弹出的下拉列表中选择要分割的栏数即可,如图4-2-13所示。

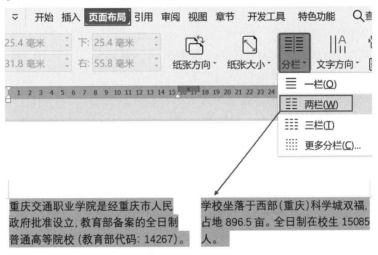

图 4-2-13　对文档进行分栏排版

在单击【分栏】下拉按钮后,除了直接选择两栏或三栏排版外,还可以选择【更多分栏】命令,在打开的【分栏】对话框中进行更详细的设置。其中,在【预设】选项组中可以选择更多的分栏方式;在【栏数】数值框中可以自定义分栏数;在【宽度和间距】选项组中可以设置各栏的宽度和分隔距离;勾选【分隔线】复选框可以在两栏之间设置分隔线,如图4-2-14所示。

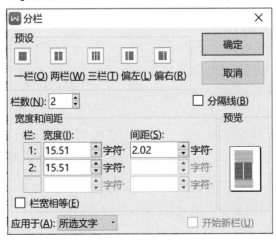

图 4-2-14　【分栏】对话框

注意:如果要分栏的文本在文档的最后,则可能会出现分栏长度不相同的情况,这时只需要在文档的最后加一个空行,然后不选取该空行,重新分栏即可保证分栏长度相同。

2.3.3 首字下沉(图4-2-15)

首字下沉是一种段落修饰,是将段落中的第一个字设置为不同的字号与字体,并进行下沉式处理,该类格式在报纸、杂志中比较常见。首字下沉的位置设置分为下沉和悬挂两种。

设置首字下沉的方法如下:

(1)将光标指向需要设置首字下沉的段落(无须选中该段落)。
(2)切换到【插入】选项卡,单击【首字下沉】按钮。
(3)在【位置】设置区选择【下沉】或者【悬挂】,这里选择【下沉】命令。
(4)在【选项】设置区设置字体、下沉行数、距正文的距离。
(5)上述设置完毕后,单击【确定】按钮,即完成首字下沉的操作。

注意:【位置】设置区里的【无】表示没有下沉。

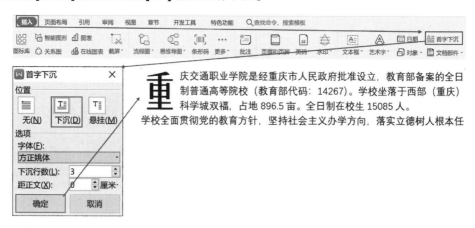

图4-2-15 设置首字下沉

2.4 页面设置与打印

大部分文档制作完成后都需要将其打印出来,而在打印文档前,为了使打印出来的文档更加规范和美观,通常还需要进行一些页面设置,包括纸张大小、页边距、页面边框和页面背景等,下面分别进行讲解。

2.4.1 页面设置

页面设置是指对整个文档页面的一些参数设置,包括纸张大小、页边距和纸张方向等,通过这些设置可以对文档版面进行控制,以使其符合我们的需要。

1)设置纸张大小

这里的纸张大小是指整个文档页面的大小,通常情况下,文档纸张大小的设置应与实际使用的打印纸张大小相同,这样才能避免出现打印误差。对于普通文档来说,大多使用 A4

纸进行打印,而文档默认的纸张大小也是 A4,如果需要使用其他大小的纸张进行打印,可以修改文档纸张大小参数,使其与打印纸张相吻合,操作方法如下。

切换到【页面布局】选项卡,单击【纸张大小】下拉按钮,在弹出的下拉列表中可以直接选择一些常用的纸张类型,如果预设选项中没有符合要求的纸张大小,可以单击最下方的【其他页面大小命令】,在弹出的【页面设置】对话框的【纸张】选项卡中进行自定义设置。其中【宽度】数值框代表文档页面宽度,【高度】数值框代表文档页面高度,如图 4-2-16 所示。

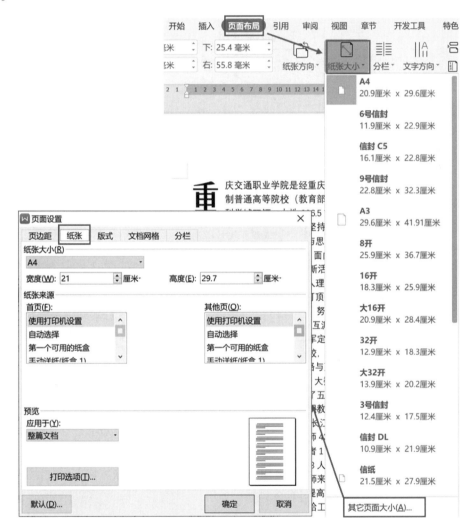

图 4-2-16　设置纸张大小

2)设置页边距

页边距是指文档内容与页面边沿之间的距离,该设置决定了文档版心的大小,页边距值越大,文档四周的空白区域就越宽。对于需要制作页眉、页脚和页码,以及需要装订的文档来说,该参数非常重要。

设置页边距的方法为:切换到【页面布局】选项卡,单击【页边距】下拉按钮,在弹出的下拉列表中可以选择程序预设的几种常用的页边距参数,如果下拉列表中没有合适的选项,还可以在【页边距】按钮旁边的 4 个数值框中进行手动设置,包括上、下、左、右 4 个页边距参数。

除此之外,用户还可以在【页边距】下拉列表中选择【自定义页边距】命令,在弹出的【页面设置】对话框中进行更详细的设置。对于对页形式的文档来说(如书籍),常常需要将页边距设置为对称形式,此时可以在【多页】下拉列表中选择【对称页边距】命令,即可分别设置置内、外页边距,如图 4-2-17 所示。

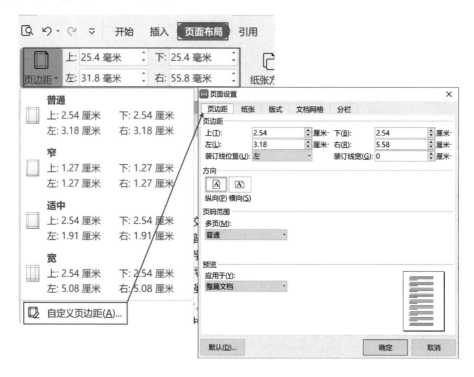

图 4-2-17　设置页边距

3)设置纸张方向

纸张方向分为纵向和横向两种,在默认情况下,纸张方向为"纵向",当改变为"横向"时,文档高度值将与宽度值对调,而文档内容将会自动适应新的纸张大小。

改变纸张方向的方法为:切换到【页面布局】选项卡,单击【纸张方向】下拉按钮,在弹出的下拉列表中选择【纵向】或【横向】命令即可。

4)版式

【页面设置】对话框的【版式】选项卡主要用于设置一些属于高级功能的选项,例如设置节的起始位置、奇偶页的页眉和页脚等属性,如图 4-2-18 所示。

5)文档网格

通过【文档网格】可以用于设置每一页的行、列数以及文字的排列方向。如图 4-2-19 所示。

模块四　WPS 文字处理应用

图 4-2-18　设置版式

图 4-2-19　设置文档网格

2.4.2　设置页面边框

页面边框是指为整个文档内容设置一个边框,以起到美化文档的效果,设置页面边框的方法如下(图 4-2-20)。

图 4-2-20　设置页面边框

(1)切换到【页面布局】选项卡,单击【页面边框】按钮。

(2)弹出【边框和底纹】对话框,在【页面边框】选项卡的【设置】组中选择如【方框】选项。

（3）在【线型】列表中选择边框线型，在【颜色】列表中选择边框颜色，在【宽度】列表中选择边框宽度。

（4）完成后单击【确定】按钮。

2.4.3 设置页面背景色

在默认情况下，页面背景是一张"白纸"，我们可以为这张白纸添加颜色，从而使文档背景变为彩色。

为文档添加背景色的方法很简单，切换到【页面布局】选项卡，单击【背景】下拉按钮，在弹出的下拉列表中选择需要的颜色即可，如图 4-2-21 所示。

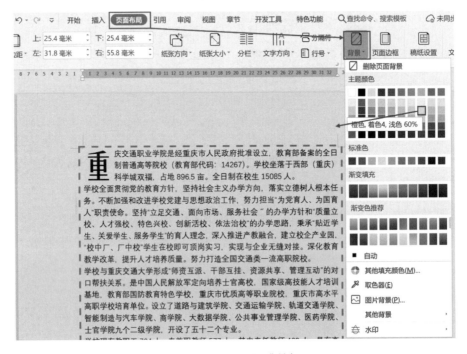

图 4-2-21 设置页面背景色

注意：除了设置纯色背景外，我们还可以将页面背景设置为"渐变色""纹理"和"图案"等更加复杂的样式，在【背景】下拉列表中，展开【其他背景】子菜单即可进行设置。

2.4.4 打印文档

文档制作好以后，就可以进行打印了。通常在打印前可以先进行打印预览，以查看最终打印效果。

1）打印预览

由于实际打印效果和我们看到的文档效果可能存在一定的差别，因此在打印前可以先进行打印预览。打印预览是指程序通过虚拟打印的方式将最终打印效果显示出来，进行打印预览的方法如下（图 4-2-22）。

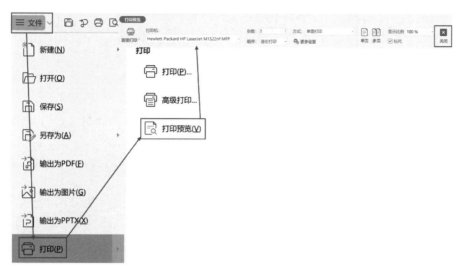

图 4-2-22　打印预览

（1）打开要打印的文档,单击程序左上角的【文件】按钮。

（2）在弹出的菜单中选择【打印】→【打印预览】命令。弹出打印预览窗口,在该窗口中即可预览打印效果。

注意:这个窗口是以图形显示打印效果的,只能查看而不能编辑,要重新编辑文档,可以通过按键盘上的【Esc】键或单击退出打印预览。

2）打印文档

文档制作完成后即可进行打印了,打印文档的方法如下(图 4-2-23)。

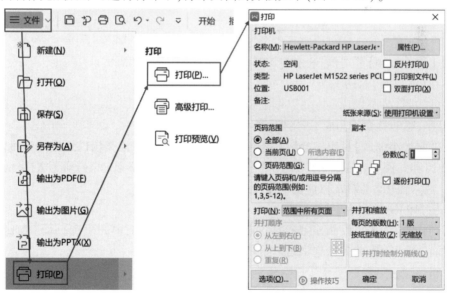

图 4-2-23　文档打印设置

（1）开启打印机电源,打开要打印的文档,单击程序左上角的【文件】按钮。

（2）在弹出的菜单中选择【打印】→【打印】命令。

(3)弹出【打印】对话框,在【名称】下拉列表中选择打印机设备。
(4)在界面中设置好打印范围和打印份数等参数。
(5)单击【确定】按钮即可开始打印。
想要了解打印机的相关参数的同学,可阅读下面的说明文字。
(1)在【打印机】域有一个下拉列表、两个按钮和两个复选框。
①单击【名称】下拉列表的下拉按钮,可以选择一台打印机。打印机选定后,列表下方显示的信息是所选打印机的相关信息,其中:
状态:显示所选中打印机的工作状态,如忙或空闲。
类型:显示所选中的打印机。
位置:显示所选打印机的位置和打印机使用的端口。
备注:显示所选打印机其他有关信息,或为空。
②单击【属性(P)】按钮可以打开打印机的【属性】对话框。使用该对话框可更改所选打印机的 Microsoft Windows 打印机选项、打印质量、效果、纸张类型等。
③若选中【双面打印】复选框,适用于双面打印机。
(2)在【页面范围】域有三个单选按钮。
选中【全部】表示将打印整篇文档;
选中【当前页】表示只打印包含插入点的页面;
选中【页码范围】表示只打印指定页面,由用户根据右边输入框下面的提示,在输入框中输入要打印的页码或页码范围。
注:若用户在文档中选定了部分文本,在页码输入框上边的单选按钮【所选内容(S)】才可选,选中该单选按钮则表示只打印当前选定的内容。
(3)在【副本域】有一个输入框和一个复选框。
在【份数】输入文本框可以键入需要打印的份数。
选中【逐份打印】复选框,表示将按装订顺序打印多个文档副本。
(4)在【缩放域】有两下拉列表。
【每页的版数】可以选定在每张纸上打印的文档页数(1、2、4、8、16),选择大于 1 的值均为缩小打印,除非有特殊需要,否则使用默认的"1"。
【按纸张大小缩放】可以选择大小不同的打印纸,Word 调整文档以适应所选纸的尺寸,实现缩放打印。例如,若文档按 B4 尺寸排版,需要时可以将文档打印到 A4 纸上;反之,也可以。通常使用【无缩放】,这也是 Word 的默认值。
(5)【打印】下拉列表。
【打印】下拉列表可以指定要打印文档哪些部分,如"范围中的所有页面""奇数页面""偶数页面"等。程序的默认选项是"范围中的所有页面"。

任务3 美化文档

WPS 文档虽然主要用来编辑文字,但用户还可以在文档中插入其他元素,例如表格、图片、文本框等,制作出更加高级的文档效果。本任务将介绍如何使用上述对象美化文档。

学习目标

掌握文档中表格的使用,包括插入表格、选择表格区域、编辑表格和美化表格。
掌握文档中图片的使用,包括插入图片、编辑图片、设置图文混排效果、美化图片等。
熟悉文档中图形和文本框的使用。
熟悉文档中自动生成二维码。

知识点

表格的使用,图片的使用,图形和文本框的使用,自动生成二维码。

3.1 文档中的表格

在 WPS 文档中,用户不仅可以输入文字,还可以插入表格,并且对表格进行相关编辑,例如拆分与合并表格、设置表格属性、设置表格样式等。

3.1.1 插入表格

插入表格的方法有多种,用户可以通过滑动鼠标插入表格、通过对话框插入表格以及绘制表格。

1)滑动鼠标插入表格

插入在【插入】选项卡中单击【表格】下拉按钮,在弹出的面板中滑动鼠标,选取需要的行列数,即可插入相应的表格。通过滑动鼠标只能插入 8 行 17 列以内的表格,如图 4-3-1 所示。

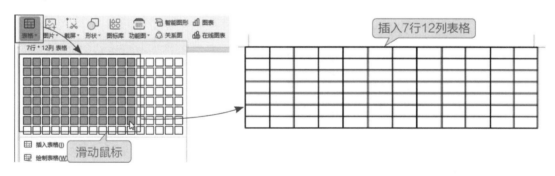

图 4-3-1 滑动鼠标插入表格

2)使用对话框插入表格

在【表格】列表中选择【插入表格】选项,打开【插入表格】对话框,在【列数】和【行数】数值框中输入需要的数值,单击【确定】按钮即可创建表格,如图 4-3-2 所示。

此外,在【插入表格】对话框中,如果选择【固定列宽】选项,则可以为列宽指定一个固定

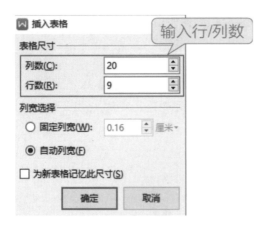

图 4-3-2 使用对话框插入表格

值,按照指定的列宽创建表格。

3)绘制表格

在【表格】列表中选择【绘制表格】选项,鼠标光标变为铅笔形状,按住鼠标左键不放,拖动鼠标绘制表格即可。绘制好后按【Esc】键退出,如图 4-3-3 所示。

注意:如果需要插入内容型表格,则在【表格】列表中单击【插入内容型表格】选项下的【更多】按钮,打开一个窗格,在该窗格中系统提供了多种在线表格类型,用户可以选择需要的表格类型,单击【插入】按钮。登录账号后,即可插入所选表格,如图 4-3-4 所示。

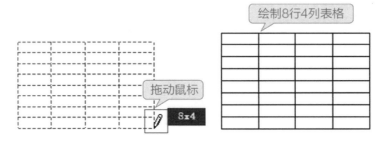

图 4-3-3 绘制表格

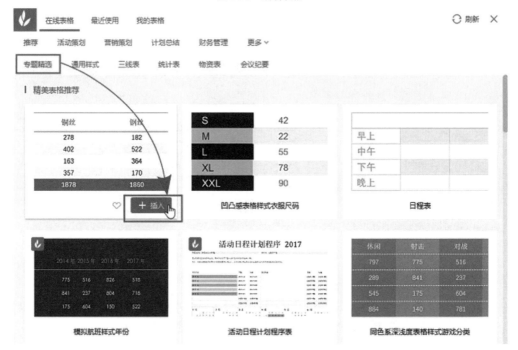

图 4-3-4 插入在线表格

3.1.2 选择表格区域

对表格进行编辑时,常常需要先选择要编辑的表格区域。根据选择的对象不同,可采用以下选择方法。

(1)选择单个单元格:将鼠标指针指向某单元格,待指针变为黑色箭头时,单击鼠标左键可选中该单元格。

(2)选择连续的单元格:将鼠标指针指向某个单元格,当指针呈黑色箭头时按住鼠标左键并拖动,拖动的起始位置到终止位置之间的单元格将被选中。

(3)选择分散的单元格:选中第一个要选择的单元格后按住【Ctrl】键不放,然后依次选择其他分散的单元格即可。

(4)选择行:将鼠标指针指向某行的左侧,待指针呈白色箭头时,单击鼠标左键可选中该行。

(5)选择列:将鼠标指针指向某列的上边,待指针呈黑色箭头时,单击鼠标左键可选中该列。

(6)选择整个表格:将鼠标指针指向表格时,表格的左上角会出现[插图]标志,单击该标志,即可选中整个表格。

3.1.3 编辑表格

创建表格后,用户可以根据需要对表格进行编辑,例如插入行/列、删除行/列、调整行高和列宽、合并/拆分单元格等。以上功能主要通过【表格工具】选项卡进行。

1)插入行/列

选择行,在【表格工具】选项卡中单击【在上方插入行】按钮,即可在所选行的上方插入一行。同理,单击"在下方插入行"按钮,可以在所选行下方插入一行。如图4-3-5所示。

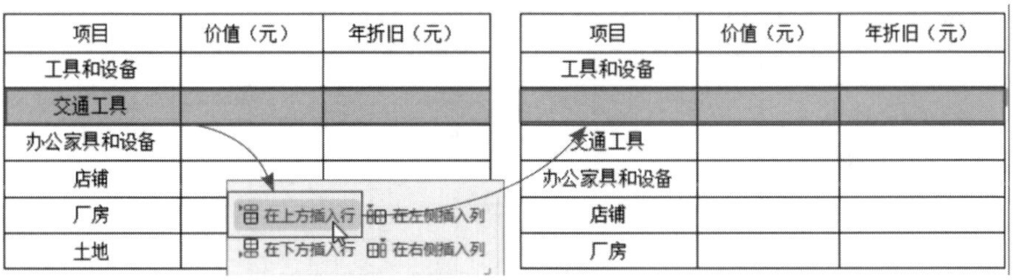

图 4-3-5 插入行/列

同理,选择列,在【表格工具】选项卡中单击【在左侧插入列】按钮,即可在所选列的左侧插入一列。同理,单击【在右侧插入列】按钮,可以在所选列的右侧插入一列。

2)删除行/列

选择需要删除的行,在【表格工具】选项卡中单击【删除】下拉按钮,从列表中选择【行】选项即可。如图4-3-6所示。

同理,选择需要删除的列,单击【删除】下拉按钮,从列表中选择【列】选项即可。

3)调整行高和列宽

将光标移至行下方分割线上,当鼠标光标变为形状时,按住鼠标左键不放,拖动鼠标，即可调整行高。如图4-3-7所示。

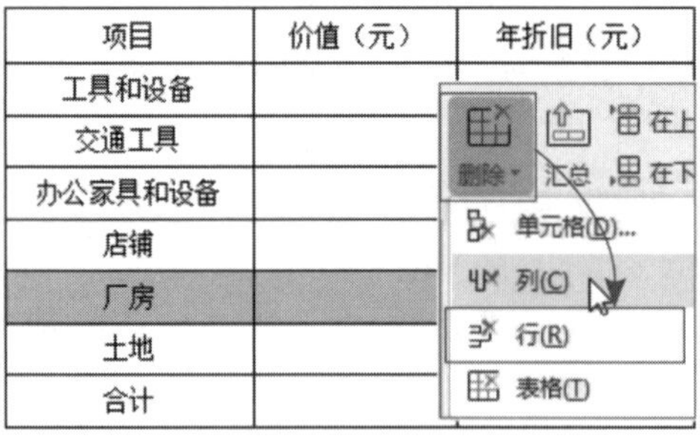

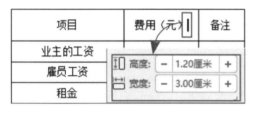

图4-3-6　删除行/列 　　　　　　　　图4-3-7　调整行高和列宽

同理，将光标移至列右侧分割线上，当鼠标光标变为形状时，按住鼠标左键不放，拖动鼠标，即可调整列宽。

我们还可以将光标插入单元格中。在【表格工具】选项卡中，单击【高度】和【宽度】数值框的减号和加号按钮，或者在数值框中输入数值，可以直接设置单元格所在行的行高和所在列的列宽。如图4-3-8所示。

图4-3-8　调整行高和列宽

4）合并/拆分单元格

选择需要合并的单元格，在【表格工具】选项卡中单击【合并单元格】按钮，即可将选择的多个单元格合并成一个单元格。如图4-3-9所示。

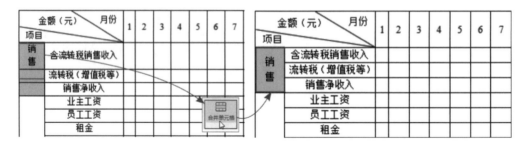

图4-3-9　合并单元格

将光标插入需要拆分的单元格中，在【表格工具】选项卡中单击【拆分单元格】按钮，打开【拆分单元格】对话框，在【列数】和【行数】数值框中输入需要拆分的行列数，单击【确定】按钮，即可将所选单元格拆分成多个单元格。如图4-3-10所示。

5）设置单元格对齐方式

单元格对齐方式是指单元格中段落的对齐方式，包括【靠上两端对齐】【靠上居中对齐】【靠上右对齐】以及【中部两端对齐】等9种，分别对应单元格中的9个方位。如图4-3-11所示。

默认情况下，单元格的对齐方式为【靠上两端对齐】，设置单元格对齐方式的方法有以下两种。

图 4-3-10　拆分单元格

(1)通过功能区:选中需要设置文本对齐方式的单元格,切换到【表格工具】选项卡,单击【对齐方式】下拉按钮,在弹出的下拉列表中进行选择即可。如图 4-3-12 所示。

图 4-3-11　9 种对齐方式　　　　图 4-3-12　通过功能区设置

(2)通过快捷菜单:用鼠标右键单击要设置对齐方式的单元格,在弹出的快捷菜单中展开【单元格对齐方式】子菜单,在其中选择相应的命令即可。如图 4-3-13 所示。

图 4-3-13　通过快捷菜单设置

6)设置表格属性

【表格属性】按钮位于【表格工具】选项卡的最左侧,单击该按钮,弹出【表格属性】对话框。在该对话框中,可设置表格的相关属性,包括表格的宽度、表格在文档中的对齐方式、表格中所有行/列的统一行高或列宽。点击【边框和底纹】按钮后可设置表格的边框线和底纹,单击【选项】按钮可以设置默认表格单元格边距。如图 4-3-14 所示。

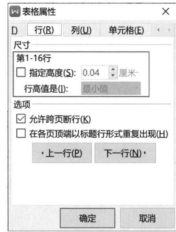

图 4-3-14　设置【表格属性】

3.1.4　美化表格

表格默认的样式不是很美观,用户可以为表格套用系统内置的样式或自定义表格的样式来美化表格。如图 4-3-15 所示。

图 4-3-15　系统内置表格样式

1）套用内置样式

将光标定位到表格中,切换到【表格样式】选项卡,在左侧的选项组中勾选需要的表格样式特征,如【首行填充】、【隔行填充】等,设置完成后在【表格样式】选项卡中单击【预设样式】下拉按钮,从列表中选择合适的样式,即可为表格套用所选样式。如图 4-3-16 所示。

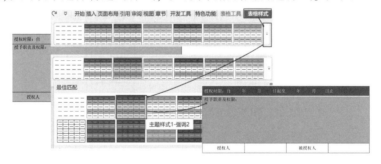

图 4-3-16　套用内置样式

注意:如果要清除表格样式,可在样式列表中选择第一行第一列的【无样式】选项即可。

2）自定义样式

除了使用预设样式外,用户也可以手动为表格设置边框和底纹效果。

选择表格,在【表格样式】选项卡中设置【线型】、【线型粗细】、【边框颜色】,单击【边框下拉按钮,从列表中选择合适的选项,这里选择【外侧框线】选项,即可将设置的边框样式应用到表格的外边框上。按照同样的方法设置边框样式,然后将其应用到表格的内部框线上。同理,设置单元格的边框样式。如图4-3-17所示。

图4-3-17　手动设置表格边框

如要设置底纹,选中要设置底纹的单元格,切换到【表格样式】选项卡,单击【底纹】下拉按钮,在弹出的下拉列表中选择需要的填充颜色即可。如图4-3-18所示。

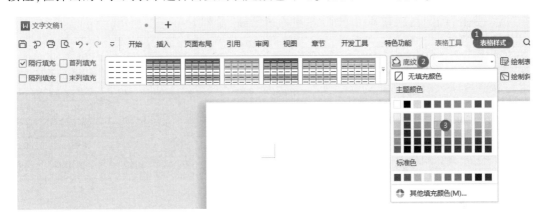

图4-3-18　手动设置表格底纹

> ▶办公小技巧
>
> 为单元格设置了背景色后,通常还需要调整单元格中的字体颜色,以使其美观和协调,通常深色背景搭配浅色文字,浅色背景则搭配深色文字。

3.1.5　计算表格中的数据

在WPS文档表格中,用户可以进行简单的计算,例如对数据进行求和、求平均值等。
1)计算和值
将光标插入单元格中,在"表格工具"选项卡中单击【公式】按钮,打开【公式】对话框,在【公式】文本框中默认显示求和公式,其中SUM表示求和函数,LEFT表示对左侧数据进行求和。单击【数字格式】下拉按钮,在列表中选择值的数字格式,单击【确定】按钮,即可计算出"总销售额",然后使用【F4】键,将公式复制到其他单元格中。如图4-3-19所示。

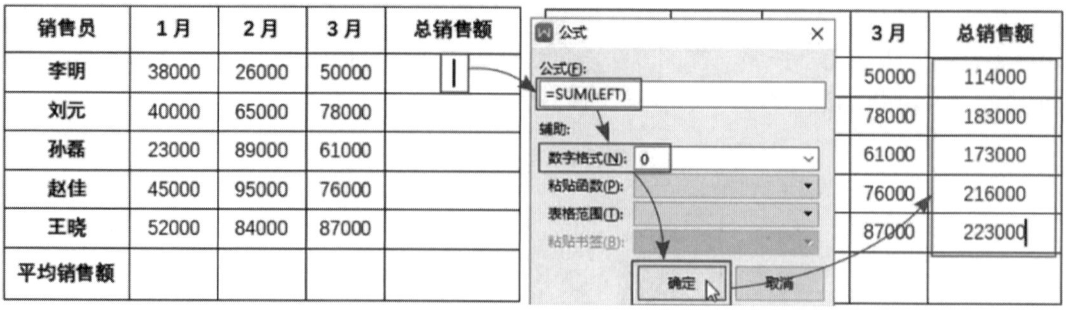

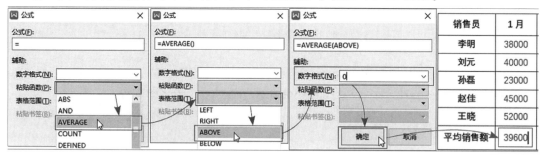

图 4-3-19 计算见上方和值

2）计算平均值

将光标插入单元格中，打开【公式】对话框，删除【公式】文本框中默认显示的公式，单击【粘贴函数】下拉按钮，从列表中选择函数类型，这里选择平均函数，单击【表格范围】下拉按钮，从列表中选择计算范围，这里选择【ABOVE】，其中【ABOVE】表示计算上方数据，【LEFT】表示计算左侧数据，【RIGHT】表示计算右侧数据，【BELOW】表示计算下方数据。设置【数字格式】后，单击【确定】按钮，即可计算出"平均销售额"。如图 4-3-20 所示。

图 4-3-20 计算平均值

提示：WPS 还为用户提供了"快速计算"功能，选择需要计算的数据，在【表格工具】选项卡中单击【快速计算】下拉按钮，从列表中选择需要计算的类型即可。

3.1.6 表格/文本互相转换

在 WPS 文字文档中可以实现将表格转换成文本，或将文本转换成表格的操作，这样可以为用户节省大量的时间。

1）表格转换为文本

选择表格，在【表格工具】选项卡中单击【转换成文本】按钮，打开【表格转换成文本】对话框，从中设置【文字分隔符】选项，这里选择【制表符】单选按钮，单击【确定】按钮，即可将表格转换成文本。如图 4-3-21 所示。

2）文本转换为表格

选择文本，在【插入】选项卡中单击【表格】下拉按钮，从列表中选择【文本转换成表格】选项，打开【将文字转换成表格】对话框，系统会根据所选文本自动设置相应的参数，单击【确定】按钮，即可将文本转换成表格。如图 4-3-22 所示。

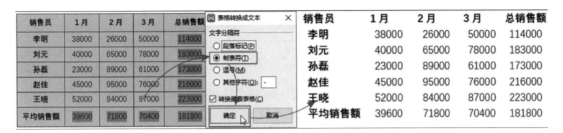

图 4-3-21　表格转换为文本

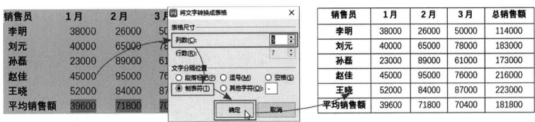

图 4-3-22　文本转换为表格

3.2　在文档中插入图片

在文档中插入图片,可以起到丰富文档页面的作用,用户插入图片后还可以对图片进行相关编辑,例如调整图片大小、设置图片环绕方式、裁剪图片、美化图片等。

3.2.1　插入图片

在文档中用户不仅可以插入本地图片,还可以插入手机中的图片或扫描仪中的图片。

1）插入本地图片

在【插入】选项卡中单击【图片】下拉按钮,从列表中选择【本地图片】选项,打开【插入图片】对话框,选择需要的图片,单击【打开】按钮,即可将图片插入文档中。如图 4-3-23 所示。

2）插入手机图片

在【图片】列表中选择【手机传图】选项,弹出一个【插入手机图片】窗格,使用手机扫描二维码,连接手机,选择手机中的图片,双击图片,如图 4-3-24 所示,即可将手机中的图片插入文档中。

在【图片】列表中选择【扫描仪】选项,连接扫描仪后,可以将扫描的图片插入文档中。

3.2.2　编辑图片大小

1）调整图片大小

插入图片后,会出现图片过大或过小的情况,用户需要对图片的大小进行调整。选择图片,将鼠标光标移至图片右下角控制点上,按住鼠标左键不放,拖动鼠标,即可等比例调整图片大小。如图 4-3-25 所示。

图 4-3-23　插入本地图片

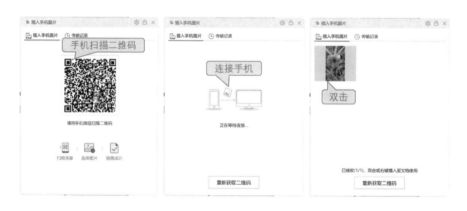

图 4-3-24　插入手机图片

图 4-3-25　利用鼠标调整图片大小

也可以在【图片工具】选项卡的【高度】和【宽度】数值框中直接输入需要的图片高度或宽度值,输入完成后按下【Enter】键即可。如图 4-3-26 所示。

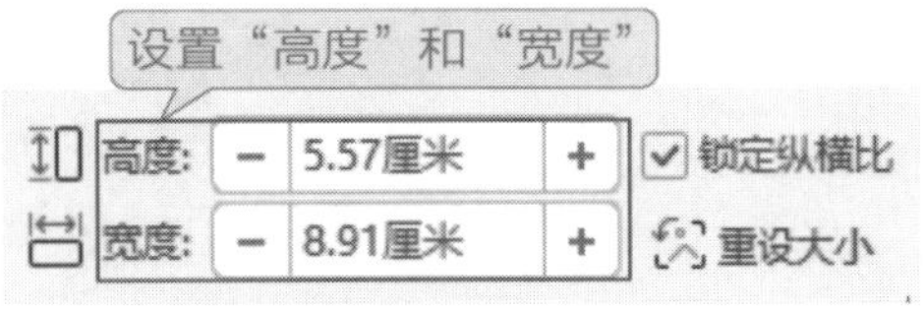

此外,调整图片的大小后,如果用户想要将图片恢复到原始大小,则可以选择图片后,在【图片工具】选项卡中单击【重设大小】按钮即可。

图 4-3-26　利用数值框调整图片大小

2）裁剪图片

如果发现图片的某些部分不是很美观,则可以将其裁剪掉。选择图片,在【图片工具】选项卡中单击【裁剪】按钮,图片周围出现 8 个裁剪点,将鼠标光标放在裁剪点上,按住鼠标左键不放,拖动鼠标,设置裁剪区域,设置好后按【Enter】键确认裁剪。如图 4-3-27 所示。

图 4-3-27　裁剪图片

此外,用户还可以将图片按形状裁剪和按比例裁剪。选择图片,在【图片工具】选项卡中单击【裁剪】下拉按钮,从弹出的面板中选择【按形状裁剪】选项,并选择合适的形状,就可以将图片裁剪成所选形状。在【裁剪】面板中选择【按比例裁剪】选项,并选择合适的比例,可以将图片按照所选比例进行裁剪。

3.2.3　设置图文混排效果

我们常常看到杂志或报纸上的各种图文并茂的版式设计,要想实现真正的图文并茂,就必须了解图片在文本中的环绕方式。图片的环绕方式是指文字在图片周围的排列方式。

选中图片后,切换到【图片工具】选项卡,单击【环绕】下拉按钮,即可看到图片的各种环绕方式,从列表中选择一种环绕方式即可。此外,选中图片后,单击图片右侧的【布局选项】按钮，在弹出的菜单中也可以选择图片的环绕方式。如图 4-3-28 所示。

图片的环绕方式包括"嵌入型""四周型环绕""紧密型环绕""衬于文字下方"和"浮于文字上方"等 7 种,如图 4-3-29 所示。

（1）嵌入型:嵌入型是默认的图片插入方式。嵌入型图片相当于一个字符插入到文本中,图片和文字同处一行。嵌入型图片不能随意拖动,只能通过剪切操作来移动。

信息技术（基础模块）

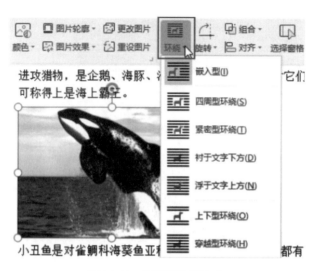

图 4-3-28　设置图片环绕方式

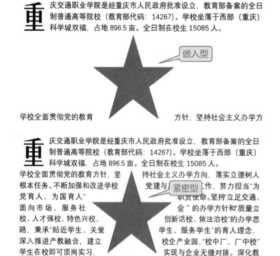

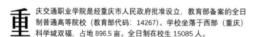

图 4-3-29　常用图片环绕方式

（2）四周型环绕：顾名思义，文字围绕图片边界所形成的矩形边框四周进行排列。四周型方式图片可以随意拖动。随着图片的拖动，周边的文字将自动排列以适应图片。

（3）紧密型环绕：文字紧密围绕着图片边沿分布。

（4）穿越型环绕：与紧密型相似，但在图片有严重凹陷时，文字可出现在图片凹陷区域。

（5）上下型环绕：图片将上下行文本隔开，文本分布在图片的上、下方，图片左右两边无文本。

（6）衬于文字下方：使用该方式，图片将置于文字下方，图片可以任意移动，且不会影响文字的排列。

（7）浮于文字上方：使用该方式，图片将置于文字上方，图片可以任意移动，且不会影响文字的排列。

3.2.4 美化图片

在文档中插入图片后，为了使图片看起来更加美观，还可以为图片添加一些特殊效果，例如设置图片的亮度/对比度以及图片的轮廓/效果等。

1）设置亮度/对比度

选择图片，在【图片工具】选项卡中，单击【增加亮度】按钮，可以增加图片的亮度；单击【降低亮度】按钮，可以降低图片的亮度。单击【增加对比度】按钮，可以增加图片对比度；单击【降低对比度】按钮，可以降低图片对比度。如图 4-3-30 所示。

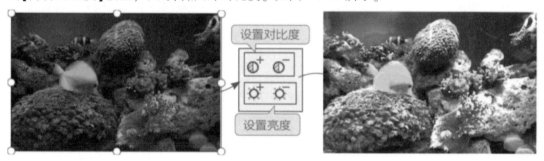

图 4-3-30　设置亮度/对比度

2）设置轮廓/效果

选择图片，在【图片工具】选项卡中单击【图片轮廓】下拉按钮，从列表中选择合适的轮廓颜色，并设置【线型】和【虚线线型】，即可为图片设置轮廓样式。如图 4-3-31 所示。

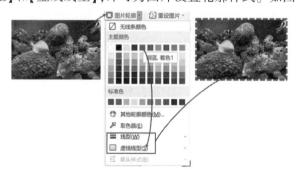

图 4-3-31　设置图片轮廓

单击【图片效果】下拉按钮，从列表中可以为图片设置【阴影】、【倒影】、【发光】、【柔化边缘】、【三维旋转】等效果，这里选择【阴影】选项，并在其级联菜单中选择合适的阴影效果即可。如图 4-3-32 所示。

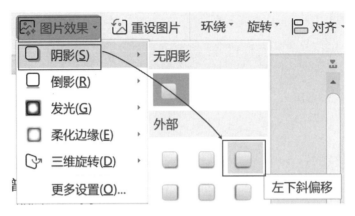

图 4-3-32　设置图片效果

3.3 插入图形

为了使文档内容更加丰富、美观,可在其中插入自选图形、文本框等对象进行点缀,接下来就讲解这些对象的插入及相应的编辑方法。

3.3.1 插入自选图形

通过 WPS 文档提供的图形绘制功能,可在文档中画出各种样式的形状,如线条、矩形、心形和旗帜等。

在文档中绘制图形的方法为:切换到【插入】选项卡,单击【形状】下拉按钮,在弹出的下拉列表中选择要绘制的形状,然后在文档中按下鼠标左键并拖动,即可绘制出相应的形状。如图 4-3-33 所示。

> ▶办公小技巧
>
> 　　在绘制图形时,若配合【Shift】键,可绘制出特殊图形。例如,绘制"矩形"图形时,按住【Shift】键,可绘制出正方形。绘制"椭圆"图形时,按住【Shift】键,可绘制出正圆。

图形绘制完成后,可通过拖动四周白色的圆点来调整图形的大小和比例,还可以通过上方的旋转控制点对图形进行旋转。此外,除线条外的所有形状均可输入文字,方法为:在图形上单击鼠标右键,在弹出的快捷菜单中选择【添加文字】命令,此时光标将定位到图形中,输入文字后单击图形外的任意区域即可。如图 4-3-34 所示。

> ▶办公小技巧
>
> 　　按住【Ctrl】键的同时拖动图形,可以快速复制图形。使用〈Ctrl + Shift〉组合键并拖动图形,可以进行水平复制。

模块四　WPS 文字处理应用

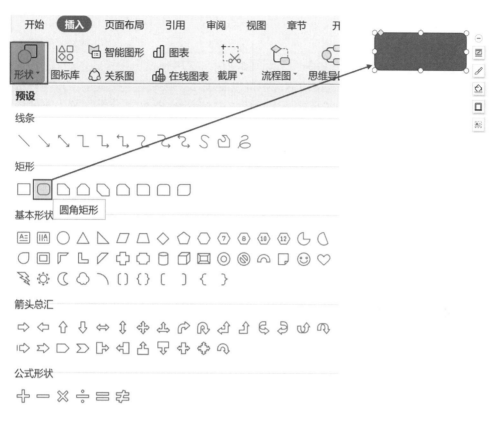

图 4-3-33　插入自选图形

图 4-3-34　为图形添加文字

3.3.2　设置图形样式

绘制图形后,可以对图形的样式进行美化,图形样式主要包括边框、底纹和阴影等,用户既可以使用程序预设的图形样式,也可以进行手动设置。

1)使用预设图形样式

文档中内置了多种图形样式,用户可以直接使用。使用预设图形样式的方法为:选中图形后,切换到【绘图工具】选项卡,在功能区中可以看到多个预设的图形样式缩略图,单击列表框右侧的下拉按钮,在弹出的下拉列表中可以看到所有的预设图形样式,单击要使用的样式图标即可。如图4-3-35所示。

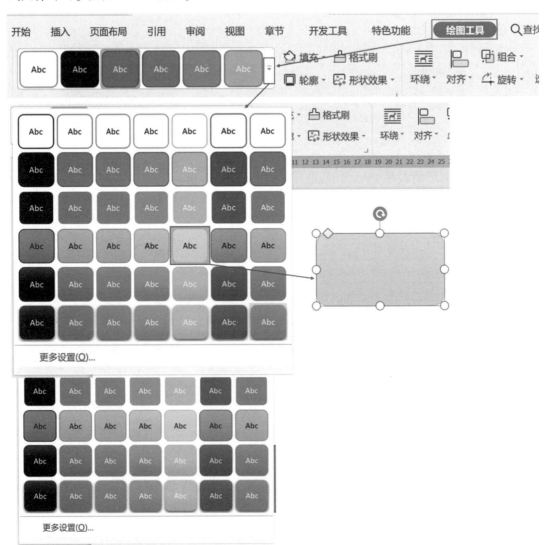

图4-3-35　使用系统预设设置图形样式

2)手动设置图形样式

除了使用预设的图形样式外,用户也可以手动设置图形样式,包括图形填充颜色、边框颜色、阴影效果,以及倒影效果等。

选中图形后,切换到【绘图工具】选项卡,单击【填充】下拉按钮,在弹出的下拉列表中可以选择图形填充颜色;单击【轮廓】按钮,可以设置图形边框颜色。如图 4-3-36 所示。

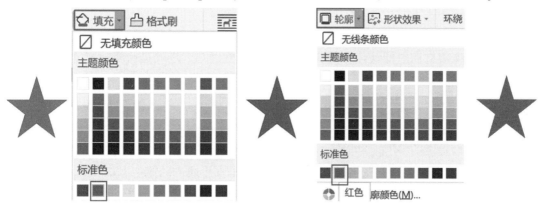

图 4-3-36　手动设置图形填充颜色和轮廓样式

单击【形状效果】下拉按钮,在弹出的下拉列表中选择【阴影】子列表,可以为图形设置阴影效果;选择【倒影】子列表,可以为图形设置倒影效果,如图 4-3-37 所示。此外,在【形状效果】下拉列表中还可以为图形设置发光、柔化边缘和三维旋转等效果,用户可以逐一尝试,这里不再一一讲解。

图 4-3-37　手动设置图形形状效果

3.3.3　插入文本框

在制作广告或传单时,常常需要在文档的任意位置输入文本,此时可以使用文本框来装载文本内容,插入文本框的方法为:切换到【插入】选项卡,单击【文本框】按钮,然后拖动鼠标在文档中绘制出合适大小的文本框即可。

文本框绘制后,可以直接在其中输入文本,通过四周的控制点可以调整文本框大小,也可以将其拖放到任意位置。文本框是一种特殊的图形,因此其相关操作和自选图形的操作方法完全一样,我们可以为其设置填充颜色、边框颜色以及阴影等外观效果。选中文本框后切换到【绘图工具】选项卡,即可完成相关的操作。

3.4 自动生成二维码

在 WPS 文字文档中可以自动生成二维码,并且可以对二维码进行美化操作,然后根据需要导出二维码。

3.4.1 插入二维码

使用 WPS 提供的"功能图"命令,可以生成一个网址二维码。在【插入】选项卡中单击【功能图】下拉按钮,从列表中选择【二维码】选项,打开【插入二维码】对话框,在【输入内容】文本框中输入一个网址,在对话框的右侧即时生成一个二维码。单击【确定】按钮,即可将二维码插入文档中。如图 4-3-38 所示。

图 4-3-38 插入二维码

3.4.2 美化二维码

如果用户觉得二维码的样式不是很美观,则可以在【插入二维码】对话框中对生成的二维码进行美化。在【插入二维码】对话框中打开【颜色设置】选项卡,在该选项卡中可以设置二维码的【前景色】、【背景色】、【渐变颜色】、【渐变方式】、【定位点颜色】。还可以嵌入logo、文字等。如图 4-3-39 所示。

3.4.3 导出二维码

将二维码插入文档中后,用户可以根据需要导出二维码。选择二维码,单击鼠标右键,从弹出的快捷菜单中选择【另存为图片】命令,打开【另存为图片】对话框,选择二维码的保存位置,单击【保存】按钮,即可导出二维码。如图 4-3-40 所示。

图 4-3-39　美化二维码

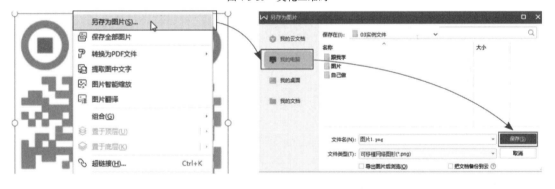

图 4-3-40　导出二维码

任务 4　编排长文档

在实际工作中,常常需要编辑一些长文档,如规章制度、说明书、论文、书籍以及合同等,其中涉及大量标题和正文段落格式需要设置,如果使用常规方法将非常烦琐。此外,对于长文档,常常还需要制作目录和封面,以及设置页眉、页脚和页码等。本任务将对长文档编排的相关操作和技巧进行介绍。

学习目标

掌握页眉页脚的使用，包括编辑页眉页脚、插入页码、在页眉页脚插入对象等。
熟悉长文档中样式的使用，包括应用内置样式、修改样式。
熟悉长文档中目录的使用。
熟悉题注、脚注和尾注的使用。

知识点

页眉页脚的使用，长文档中样式的使用，长文档中目录的使用，题注的使用，脚注和尾注的使用。

4.1 制作页眉和页脚

对于长篇文档来说，一般需要为其设置页眉或页脚，既方便浏览文档，又能使文档看起来更整齐美观。插入页眉页脚后，用户可以进行相关编辑操作。

4.1.1 编辑页眉与页脚

如果用户需要为文档添加页眉与页脚，则在【插入】选项卡中单击【页眉和页脚】按钮，页眉和页脚进入编辑状态，将光标插入页眉或页脚中，输入页眉内容或页脚内容，如图4-4-1所示。在【页眉和页脚】选项卡中单击【关闭】按钮，即可退出页眉页脚编辑状态。

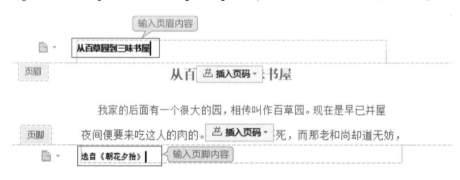

图4-4-1 编辑页眉与页脚

用户在文档页面上方页眉处双击鼠标，可以快速进入页眉和页脚编辑状态。

4.1.2 插入对象

除了在页眉页脚中输入文本内容外，用户还可以在页眉或页脚中插入日期和时间、图片、页眉横线等。

1）插入日期和时间

在页眉处双击鼠标，进入编辑状态，打开【页眉和页脚】选项卡，单击【日期和时间】按钮,打开【日期和时间】对话框,在【可用格式】列表框中选择一种日期类型,勾选【自动更新】复选框,单击【确定】按钮,即可在页眉中插入当前日期和时间,如图4-4-2所示。

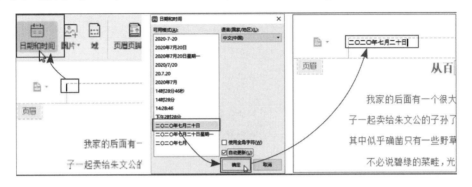

图4-4-2 在页眉页脚中插入日期和时间

此外,在【日期和时间】对话框中勾选【自动更新】复选框,插入的日期和时间会随着系统时间的变化而自动更新。

2)插入图片

将光标插入页眉中,在【页眉和页脚】选项卡中单击【图片】按钮,打开【插入图片】对话框,选择合适的图片,单击【打开】按钮,即可将图片插入页眉中,如图4-4-3所示。

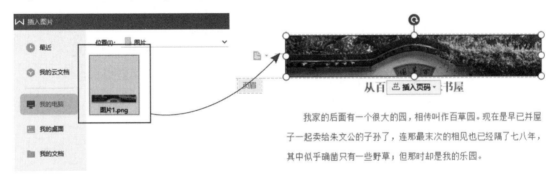

图4-4-3 在页眉页脚中插入图片

同理,单击在【页眉和页脚】选项卡中单击【页眉横线】按钮,打开下拉按钮,单击需要的样式即可应用。

4.1.3 插入页码

为长篇文档插入页码,可方便浏览与查看。用户可以从首页开始插入页码,也可以从指定位置开始插入页码。

1)从首页开始

在【插入】选项卡中单击【页码】下拉按钮,从列表中选择一种合适的预设样式,即可从文档的第一页开始插入页码,插入页码后在【页眉和页脚】选项卡中单击【关闭】按钮即可,如图4-4-4所示。

图 4-4-4　从首页开始插入页码

2）从指定位置开始插入页码

将光标定位至需要插入页码的页面中，在【插入】选项卡中单击【页码】下拉按钮，从列表中选择【页码】选项，打开【页码】对话框，在【样式】列表中选择合适的样式，在【位置】列表中选择页码显示的位置，然后选中【起始页码】单选按钮，并在后面的微调框中输入"1"，选中【本页及之后】单选按钮，单击"确定"按钮，如图4-4-5所示，即可从指定位置开始插入页码。

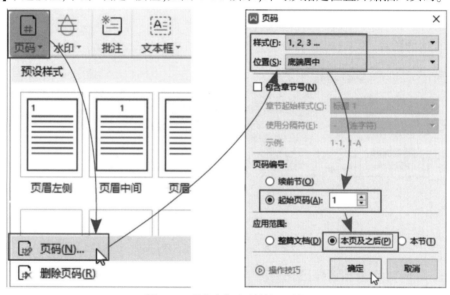

图 4-4-5　从指定位置开始插入页码

如果用户需要将页码删除，则可以在页脚处双击鼠标，进入编辑状态，然后单击页码上方的【删除页码】下拉按钮，从列表中根据需要进行选择即可，如图4-4-6所示。

图 4-4-6　删除页码

4.1.4 设置奇偶页不同

在文档中添加的页眉页脚都是统一的格式,如果用户想要在奇数页和偶数页中插入不同的页眉或页脚,则可以设置奇偶页不同。例如,在奇数页页眉中插入图片,在偶数页页眉中插入标题。

在页眉处双击鼠标,进入编辑状态,在【页眉和页脚】选项卡中单击【页眉页脚选项】按钮,打开【页眉/页脚设置】对话框,从中勾选【奇偶页不同】复选框,单击【确定】按钮。

用户可以在奇数页页眉中插入图片,在偶数页页眉中输入标题(图4-4-7)。

图 4-4-7　设置奇偶页不同

4.2　应用样式编排文档

样式就是文字格式和段落格式的集合。为文档设置标题样式,可以避免对内容进行重复的格式化操作。用户可以使用系统提供的内置样式或新建一个样式。

4.2.1　应用内置样式

WPS 内置了几种标题样式,例如"标题1""标题2""标题3"等。用户可以选择文本,在【开始】选项卡中单击【样式】下拉按钮,从列表中选择内置的样式,即可将所选样式应用到文本上,如图4-4-8所示。

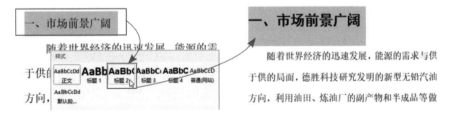

图 4-4-8　应用内置样式

4.2.2 修改样式

文本套用样式后,用户可以根据需要修改样式。在样式上单击鼠标右键,从弹出的菜单中选择【修改样式】选项,打开【修改样式】对话框,在该对话框中对样式的字体格式和段落格式进行修改,单击【确定】按钮即可,如图4-4-9所示。

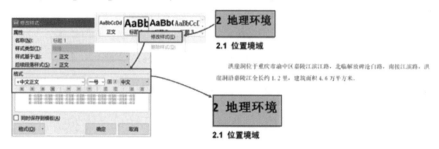

图4-4-9 【修改样式】对话框中修改样式

此外,用户也可以在【开始】选项卡中直接修改样式的字体格式和段落格式,如图4-4-10所示。

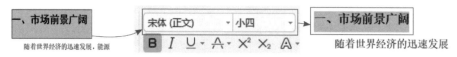

图4-4-10 使用字体组中修改样式

4.3 制作目录

文档创建完成后,为了便于阅读,可以为文档添加一个目录。使用目录可以使文档的结构更加清晰,便于阅读者对整个文档进行定位。

4.3.1 自动提取目录

生成目录之前,要先根据文本的标题样式设置大纲级别,大纲级别设置完毕即可在文档中插入目录。

"WPS 文字"是使用层次结构来组织文档的,大纲级别就是段落所处层次的级别编号。"WPS 文字"提供的内置标题样式中的大纲级别都是默认设置的,用户可以直接生成目录。

当然,用户也可以自定义大纲级别。操作方法如下:选择标题文本,单击鼠标右键,从弹出的快捷菜单中选择【段落】命令,打开【段落】对话框,在【缩进和间距】选项卡中单击【大纲级别】下拉按钮,从列表中选择需要的级别即可,这里选择"1 级",如图4-4-11所示。单击【确定】按钮,即可为标题设置1级大纲级别。

生成自动目录的具体操作步骤如下。在【引用】选项卡中单击【目录】下拉按钮,从列表中选择一种目录样式,即可将标题目录提取出来,如图 4-4-12 所示。

图 4-4-11　自定义大纲级别

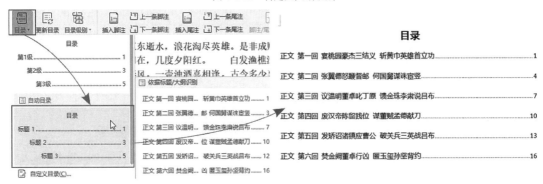

图 4-4-12　自动提取目录

4.3.2　更新目录

如果用户对正文中的标题进行了修改,则目录中的标题也需要进行相应的更新。在【引用】选项卡中单击【更新目录】按钮,打开【更新目录】对话框,选择【更新整个目录】单选按钮,单击【确定】按钮即可,如图 4-4-13 所示。

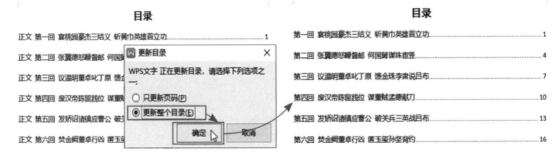

图 4-4-13　更新目录

如果用户需要删除目录,则单击目录上方的【目录设置】下拉按钮,从列表中选择【删除目录】选项即可。

4.4 插入题注、脚注和尾注

在编辑文档的过程中,为了使读者便于阅读和理解文档内容,经常在文档中插入题注、脚注或尾注,用于对文档的对象进行解释说明。

4.4.1 插入题注

题注是指出现在图片下方的一段简短描述。题注是用简短的话语叙述关于该图片的一些重要信息,如图片与正文的相关之处。

在插入的图片中添加题注,不仅可以满足排版需要,而且便于读者阅读。插入题注的具体操作步骤如下:

(1)选中准备要插入题注的图片,切换至【引用】选项卡,单击工具栏中的【题注】按钮。

(2)弹出【题注】对话框,在【标签】下拉列表框中选择【图】选项,【位置】下拉列表框中为【所选项目下方】选项,单击【确定】按钮。

(3)返回"WPS 文字"界面,此时,在选中图片的下方自动显示题注"图 1",使用空格键调整其位置即可(图 4-4-14)。

在同一个文档中,为后面的图片插入题注,题注序号会自动递增。

若程序默认的标签不满足要求,我们可单击【新建标签】按钮,弹出【新建标签】对话框。在【标签】文本框中输入标签,如图 4-4-15 所示中的"图 4-",单击【确定】按钮,返回【题注对话框】。在【标签】下拉列表框中,可以看到"图 4-"选项。

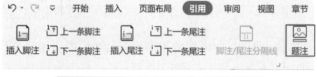

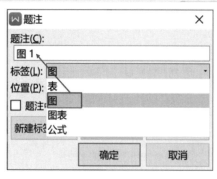

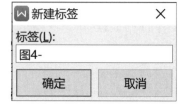

图 4-4-14 插入题注　　　　　　　　　　　图 4-4-15 新建标签

4.4.2 插入脚注和尾注

除了插入题注以外,用户还可以在文档中插入脚注和尾注,对文档中某个内容进行解释、说明或提供参考资料等对象。

1)插入脚注

脚注是在文档底部添加注释信息。

插入脚注的具体操作步骤如下:选中要设置段落格式的段落,将光标定位在准备插入脚注的位置,切换至【引用】选项卡,单击工具栏中的【插入脚注】按钮。此时,在文档的底部出现一个脚注分隔符,在分隔符下方输入脚注内容即可,如图 4-4-16 所示。

将光标移动到插入脚注的标识上,可以查看脚注内容。

2)插入尾注

尾注是在文档的末尾添加注释。

插入尾注的具体操作步骤如下:将光标定位在准备插入尾注的位置,切换至【引用】选项卡,单击工具栏中的【插入尾注】按钮。此时,在文档的结尾出现一个尾注分隔符,在分隔符下方输入尾注内容即可,如图 4-4-17 所示。

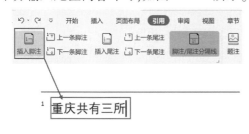

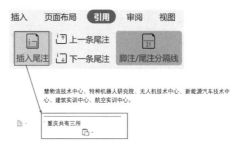

图 4-4-16　插入脚注　　　　　　　　　图 4-4-17　插入尾注

将光标移动到插入尾注的标识上,可以查看尾注内容。

如果要删除脚注或尾注,选中脚注或尾注标识,删除即可。

本模块习题

打开素材文档"中国建成全球规模最大、技术领先的网络基础设施.wps",按下列要求完成操作,并保存为"中国建成全球规模最大、技术领先的网络基础设施(完成稿).wps"。

1. 删除文中的所有空段;将文中的错词"数值"替换为"数字"。

2. 设置页面左右边距均为 30 毫米;为页面添加 1.5 磅、深蓝色单线边框;在页面顶端居中插入页眉,输入页眉内容"数字中国",并添加页眉横线。

3. 将标题文字(中国建成……基础设施)设置为二号、蓝色、黑体、加粗、居中对齐;设置段前段后间距均为 0.5 行。

4. 设置正文各段落(2022 年 7 月 23 日……居全国前 10 名)文本之前和文本之后各缩进 0.5 个字符,段前间距 0.5 行;设置正文第一段(2022 年 7 月 23 日……建设展望)首字下沉 2 行(距正文 5 毫米),正文第二、三段首行缩进 2 字符;正文第三段(报告中……居全国前 10

名)分为等宽两栏,并添加分隔线。

5. 将"表1 数字中国发展评价指标"居中,段前间距0.5行。

6. 将文中最后三行文字转换成3行3列的表格,设置表格居中、表格中所有文字水平、垂直均居中对齐。

7. 设置第一、二、三列列宽分别为3厘米、4厘米、8厘米;合并第二的第一个单元格和第三行的第一个单元格。

8. 设置表格外框线为0.75磅黑色双细线,内框线为0.5磅黑色单细线,第一行以及第一列底纹为浅蓝色"矢车菊蓝,着色1,浅色80%"。

模块五

WPS电子表格应用

任务 1　表格格式设置

学习目标

熟悉电子表格工作界面,理解工作簿、工作表之间的关系。
掌握电子表格中工作表、行、列、单元格的基本操作。
掌握电子表格的格式化操作。

知识点

工作簿、工作表、行、列、单元格设置。

1.1　电子表格的启动与退出

1)启动电子表格

以下三种方式均可启动电子表格:

(1)单击桌面 WPS 图标,【首页】选项卡中单击【新建】,选择【新建表格】,单击【新建空白表格】,如图 5-1-1、图 5-1-2 所示。

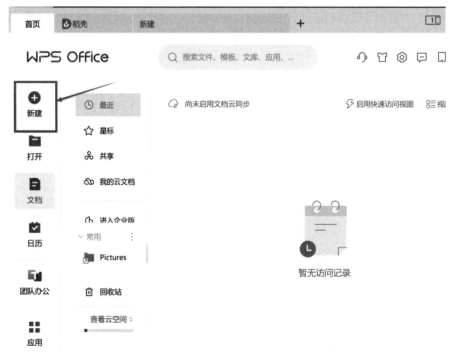

图 5-1-1　WPS 新建电子表格

模块五　WPS电子表格应用

图 5-1-2　新建空白表格

（2）单击桌面 WPS 图标，切换到【新建】选项卡选择【新建表格】，单击【新建空白表格】，如图 5-1-3、图 5-1-4 所示。

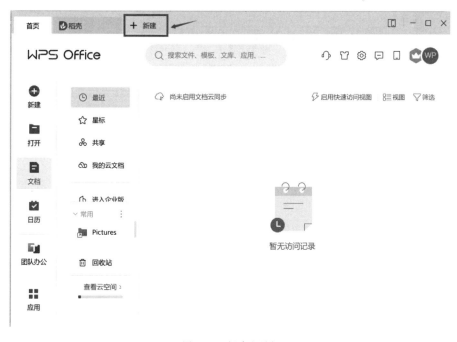

图 5-1-3　新建选项卡

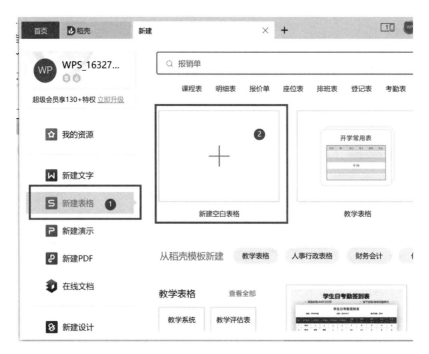

图 5-1-4　新建空白表格

（3）找到要打开的电子表格文件，双击该文件即可启动电子表格。

2）电子表格的窗口组成

电子表格启动成功后，出现如图 5-1-5 所示的窗口，其组成元素主要有：功能选项卡、工具栏、编辑栏、工作区、状态栏等。

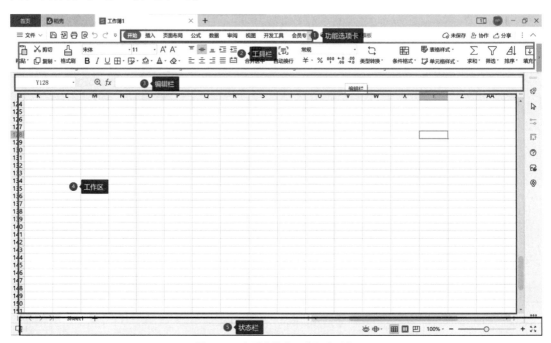

图 5-1-5　电子表格窗口的组成元素

模块五 WPS 电子表格应用

（1）功能选项卡

功能选项卡包括开始、插入、页面布局、公式、数据、审阅、视图等多个功能区，每个功能区内包括众多工具按钮，以实现不同功能。

（2）工具栏

选择不同的功能选项卡，下面显示的工具栏内容也会不同。工具栏用于存放响应工具按钮。当单击工具栏右下角图标时，会弹出相应功能对话框，如图 5-1-6、图 5-1-7 所示。

图 5-1-6　工具栏

图 5-1-7　单元格格式对话框

（3）编辑栏

编辑栏用于输入数据或计算公式。当选择单元格或区域时，相应的地址或区域名称即显示在编辑栏左端的名称框中。在单元格中编辑数据时，其内容同时出现在编辑栏右端的编辑框中，方便用户输入或修改单元格中的数据。编辑栏中间是确认区，在编辑框中进行编辑时，将变成 。 按钮为取消按钮， 按钮为确认按钮， 按钮用于调用函数，编辑完毕后可按 钮或者是按【Enter】键确认。

（4）工作区

工作区为电子表格窗口的主体，由单元格组成，每个单元格用行号和列号表示。其中行号位于工作表的左端，顺序为数字 1、2、3 等，从上到下排列；列号位于工作表的上端，顺序为字母 A、B、C 等，从左到右排列。

（5）状态栏

电子表格状态栏显示包括护眼模式、普通视图、页面布局、分页预览,工作区比例缩放等功能。

3）退出程序

使用以下三种方式均可退出电子表格：

①单击 WPS 窗口右上角的【关闭】按钮✕。

②单击 WPS 窗口中的【文件】→【退出】命令。

③按下键盘上的快捷组合键〈Alt + F4〉。

1.2 建立新的工作簿

1.2.1 工作簿、工作表与单元格的关系

1）工作簿与工作表

工作簿与工作表是两个不同的概念。工作簿是计算和存储数据的文件,一个工作簿就是一个电子表格文件,默认文件名为"工作簿1",扩展名为 xlsx,WPS 电子表格自有的扩展名为 et。一个工作簿可以包含多个工作表,上限为 255 个。在默认情况下,一个工作簿自动打开一个工作表,分别以 Sheet1 命名。用户根据自己实际需要,可以增加或减少工作表的个数。

2）单元格与工作表

单元格是组成工作表的最小单位。一个工作表由 1048576 行和 16384 列组成。行号是从上到下从"1"到"1048576"的编号,列号是从左到右从"A"至"XFD"的字母编号。每一行列的交叉处即为一个单元格。每个单元格只有一个固定地址,即单元格地址,例如 A5 是指第 A 列与第 5 行交叉位置上的单元格。

由于一个工作簿包含多个工作表,要区分不同工作表的单元格,必须在单元格地址前加上工作表名字,并以"!"间隔。例如 Sheet1！B5 代表 Sheet1 工作表的 B5 单元格。

1.2.2 数据的输入

要输入单元格数据,首先要激活该单元格,其标志是凡带有黑色边框的,即为当前活动的单元格。在工作表中输入数据是一项基本操作,包括数值输入、文本输入、日期时间输入等。

1）数值输入

数值数据包括数字 0~9,还包括 +、-、E、e、$、(、)、/、% 以及小数点(.)、千分位符号(,)等特殊字符。数值数据在单元格中默认向右对齐。

提示：如需输入分数时,需在输入分数前加入"0"并用空格隔开,否则系统会当作日期处理。例如需键入分数 1/2,需在单元格中输入"0 1/2",如不输入"0"和空格,单元格中会显示"1 月 2 日"。

2)文本输入

输入的文本内容包括中文、英文字母、数字、空格等其他键盘能键入的符号,文本内容默认在单元格中左对齐。

说明:

(1)如需输入第一个字符为0的文本信息,只需在单元格中先输入一个单引号后再输入0。如要输入"001",则需在单元格中输入" '001"。

(2)若需将某一个单元格中的文本内容分行显示,在编辑时换行应使用组合键〈Alt + Enter〉。

3)日期时间输入

电子表格内置了一些日期和时间的格式,可以通过在【开始】选项卡中选择【常规】下拉菜单,选择【其他数字格式】。在弹出的对话框中选择【数字】选项卡,再通过选择【分类】列表下的【日期】或【时间】,如图5-1-8所示,便可以在右边的【类型】列表中选中设置日期或时间的格式。日期和时间在单元格中默认为右对齐。

图 5-1-8　单元格格式窗口

1.2.3　单元格指针的移动

要改变当前活动单元格,可以通过以下几种方式:

(1)通过小键盘上的上、下、左、右箭头,就可以改变单元格指针的位置;

(2)通过鼠标左键的点击,可以任意地改变单元格指针的位置;

(3)通过改变编辑栏左端的名称框内的单元格地址(输入单元格地址后按回车键),定位单元格指针的位置。

1.2.4 数据自动输入

用户在输入大量数据时,如发现纵列或者横行有很多数据相同或成规律出现,则可使用电子表格提供的数据自动填充功能,无须重复输入数据,节省操作时间。

1)简单数据自动填充

在单元格中输入原始数据,然后把鼠标指针指向单元格的右下角。此时鼠标指针变为实心十字形"+",再按下鼠标左键拖至填充的最后一个单元格,然后松开鼠标,即可完成填充。在右下角出现【自动填充选项】的小方框,点击右边的黑色向下的箭头,出现五个选项:复制单元格、以序列方式填充、仅填充格式、不带格式填充、智能填充,选择其一即可,如图 5-1-9 所示。在使用快捷键〈Ctrl + C〉进行复制单元格内容时,实际上是复制了单元格中的内容和单元格的格式。

2)复杂数据填充

在单元格中先输入初始值,然后选定一块区域,再通过选择【数据】选项卡的【填充】→【序列】命令,弹出如图 5-1-10 所示的对话框,可实现具有一定规律的复杂数据的填充。

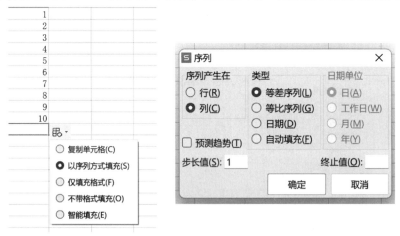

图 5-1-9 填充简单数据　　　　图 5-1-10 【序列】对话框

1.2.5 数据有效性设置

当用户需要设置某一单元格或某一区域单元格的相同数据类型时,可以单击【数据】选项卡下的【有效性】命令,弹出如图 5-1-11 所示的数据有效性对话框。

选择对话框中的【设置】选项卡,在【有效性条件】栏下的【允许】下拉列表中,显示了当前单元格选择允许的数据类型:任何值、整数、小数、序列、日期、时间、文本长度、自定义等。用户可根据输入的数据类型和要求,选择其中一种。

1.2.6 数据的修改

1)数据的编辑

如需对单元格中的数据进行修改,可以双击该单元格,或是选中该单元格后,修改编辑栏中的内容。

2）数据的清除

数据清除针对的对象是单元格中的内容,与单元格本身无关,操作步骤如下：

选取要清除内容的单元格或区域,单击右键,选择【清除】命令,会出现一组如图 5-1-12 所示的子命令(全部、格式、内容、批注等),选择需要的命令,即可完成清除操作。

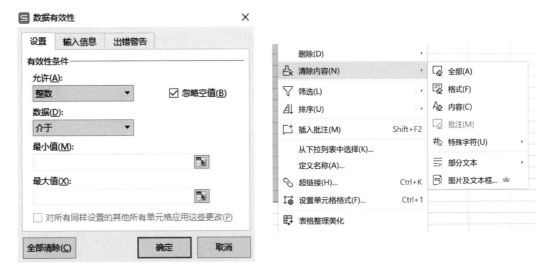

图 5-1-11 【数据有效性】对话框　　　图 5-1-12 数据的清除

3）数据的删除

数据删除的对象是单元格,删除后单元格连同其中的数据都会从工作表中删除,操作步骤如下：

选定单元格或区域后,单击右键,选择【删除】命令,出现如图 5-1-13 所示的对话框,用户可选择【右侧单元格左移】或【下方单元格上移】,填充被删掉单元格留下的空格。选择【整行】或【整列】将删除选定区域所在的列和行,其下方或右侧列自动填充空缺。当选定要删除的区域为若干整行或若干整列时,将直接删除而不出现对话框。

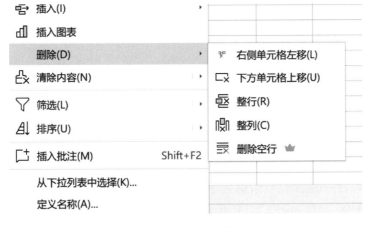

图 5-1-13 数据的删除

1.3 工作表管理

对工作表进行管理操作,包括移动、复制、重命名、插入新的工作表等。

1.3.1 移动和复制工作表

如果需要将一个工作簿中的某些工作表复制到另一个工作簿中,可以使用"移动法"来快速复制。具体的操作步骤如下:

(1)打开两个将要操作的工作簿,如工作簿1.xlsx和工作簿2.xlsx,如图5-1-14所示。

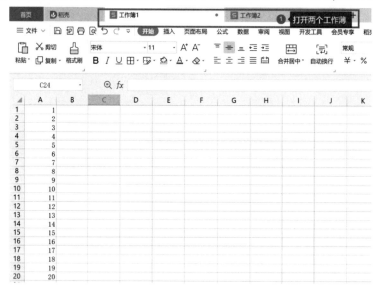

图5-1-14　工作簿窗口

(2)切换到其中一个源工作簿,如工作簿1.xls,并选定需要复制的工作表Sheet1。

(3)把鼠标放在工作区下边表单标签的地方,单击鼠标右键,在弹出的快捷菜单中选择【移动或复制工作表】命令(图5-1-15),出现如图5-1-16所示的【移动或复制工作表】对话框。未勾选【建立副本】表示进行移动工作表操作,勾选【建立副本】表示进行复制工作表操作。

通过该对话框可以将该工作表移动到另一个工作簿,也可以将工作表移动到同一工作簿的其他工作表之前或之后的位置。

1.3.2 工作表重命名

一个工作簿默认包含一个工作表"sheet1",处于工作表左下角的位置。如果要对工作表进行重新命名,可双击该标签,然后输入用户自己需要的表名即可;也可以把鼠标放在标签位置,单击鼠标右键,出现如图5-1-17所示的快捷菜单,选择【重命名】命令,即可对工作表可以进行重新命名。

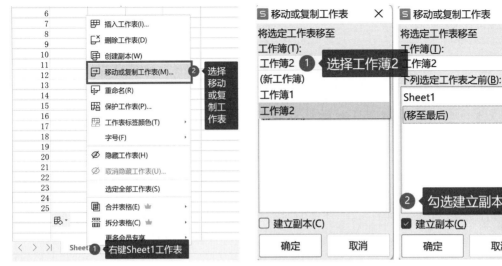

图 5-1-15　右键工作表弹出界面　　　　图 5-1-16　移动或复制工作表

1.3.3　在工作表间切换

通常情况下，当一个工作簿中的工作表数量不多的时候，直接用鼠标单击工作表选项卡，即可选中该工作表。当工作表的数量比较多时，屏幕上不能同时显示所有工作表的选项卡，这就需要使用左下角的滚动按钮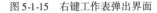定位到相应的工作表，再用鼠标单击来选定。但当工作表数目很多时，这个操作的效率就不高了。

那么如何快速选中所需要的工作表呢？方法很简单：将光标移到工作表右下角省略号处，然后单击鼠标左键，在弹出的快捷菜单中选中自己所需的工作表即可，如图 5-1-18 所示。

图 5-17　工作表重命名操作　　　　　　图 5-1-18　选中工作表

1.3.4 插入或删除工作表

把鼠标放在工作表表名标签的地方,单击鼠标右键,选择【插入】命令,可在该工作表后插入一张新的工作表。选择【删除】命令,可以删掉该工作表。

1.3.5 工作表的隐藏与恢复

隐藏与恢复工作表

如果用户打开多个工作表,会造成屏幕上工作表拥挤,而且有时会因为疏忽而造成不必要的数据损失。那么如何暂时隐藏其中几个呢？可以利用【隐藏】命令来隐藏工作表,使它们不占用计算机的屏幕空间。需要注意的是,这种"隐藏"并不意味着工作表被关闭,它们仍处于打开状态,其他程序仍可以使用它们的数据。具体操作步骤如下:

(1)选择需要隐藏的工作表。
(2)单击右键,选择【隐藏工作表】命令。

此时该工作表即从屏幕上消失。如果要显示被隐藏的工作表,操作类似隐藏工作表,具体步骤如下:

(1)选择任意工作表单击右键,选择【取消隐藏工作表】,弹出【取消隐藏】对话框。
(2)选择需要显示的工作表,单击【确定】按钮即可显示该工作表。如图 5-1-19 所示。

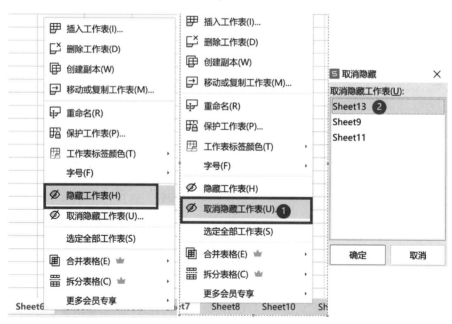

图 5-1-19 【隐藏工作表】命令和【取消隐藏】对话框

1.3.6 改变默认工作表的数目

默认情况下,Excel 工作簿会打开 1 个空白工作表。如果用户觉得新插入工作表比较繁琐，也可以更改默认的工作表数目。具体操作步骤如下：

(1) 单击【文件】菜单下的【工具】子菜单，点击【选项】，如图 5-1-20 所示。

图 5-1-20　修改【选项】

(2) 弹出【选项】对话框，找到【常规与保存】选项卡中的【新工作簿内的工作表数】输入框，输入所需要的工作表数量。此外，也可以通过旁边向上向下的箭头按钮来选择工作表的具体数目，比如"5"。如图 5-1-21 所示。

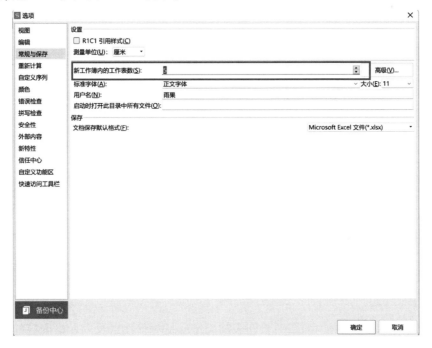

图 5-1-21　【选项】对话框

(3)然后单击【确定】按钮,即可改变默认的工作表数目。
(4)新建工作簿,此时新建的工作表标签中将出现 Sheet1~Sheet5,共 5 个工作表。
注意:新工作簿的数量范围只能是 1~255,否则系统会弹出提示信息。

1.3.7 工作表的安全性

WPS 电子表格软件都提供了保护工作表数据的功能。具体操作步骤如下:
(1)单击【文件】菜单下的【工具】子菜单,点击【选项】,弹出【选项】对话框。
(2)选择【安全性】的选项卡。
(3)在【密码保护】域的【打开权限】文本框中,用户可以设置打开该工作表权限的密码;在【密码保护】域的【编辑权限】的文本框中,也可以设置更改工作表内容的权限密码。若选中【建议只读】项前的复选框,表示该工作表只能以只读方式打开,不能对内容进行修改,如图 5-1-22 所示。

图 5-1-22 安全性设置

(4)设置完成后,单击【确定】按钮即可。

1.4 工作表的编辑

单元格是组成工作表的单位,对工作表的操作就是对单元格及单元格内容的操作,主要包括插入或删除单元格、单元格的移动与复制、选择性粘贴、查找与替换等操作。

1.4.1 插入和删除行、列、单元格

在表格当中插入空白的行和列,是在对工作表编辑的基本操作。在 Excel 中选中任意单元格,点击右键选择【插入】,可显示此项功能。如图 5-1-23 所示。

图 5-1-23　插入行、列或单元格

删除工作表的行、列、单元格的操作类似,通过选中任意单元格,点击右键选择【删除】命令完成,如图 5-1-24 所示。

图 5-1-24　删除行、列或单元格

1.4.2 选择性粘贴

如何将其他文档的内容粘贴到工作表中,加快数据的输入速度呢?

具体操作步骤如下:

(1)在其他文档中选取要复制的数据,执行【复制】命令。

(2)切换到电子表格中,单击复制数据的目标工作表区域的左上角。

(3)点击右键,执行【粘贴】命令。

(4)如果数据格式显示不正确,执行【选择性粘贴】命令,出现选择性粘贴的对话框,可根据选项选择粘贴对象。

思考:怎样将 Word 中的表格复制到电子表格中?

1.4.3 查找与替换操作

电子表格提供有对表格中的数据进行查找和替换功能,具体操作如下:

(1)执行【开始】选项卡→【查找】命令,如图 5-1-25 所示,弹出查找对话框。

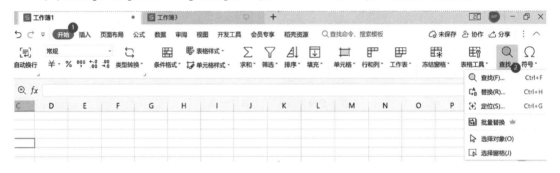

图 5-1-25 查找功能界面

(2)在【查找内容】右边的文本框中输入要查询的数据内容;若需要替换,单击替换选项卡,对话框中会显示【替换为】的输入框,输入要替换的新内容。

(3)如果要精确设置查询或替换的条件,则单击右下角的【选项】按钮,出现如图 5-1-26 所示的对话框,点击【格式】按钮设置格式条件。

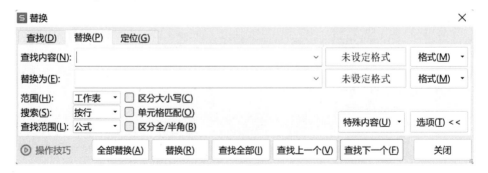

图 5-1-26 替换对话框

(4)最后单击相应的【查找】或【替换】按钮,完成查找与替换操作。

1.5 工作表的格式化

在 Excel 中制作一些报表时,为了美观,常需要对表格进行格式化。

1.5.1 工作表的格式化

对工作表进行格式化,包括表格中数据的格式、字体的设置,单元格底纹、表格边框的设置等操作。具体操作步骤如下:

(1)选择单元格,单击右键,选择【设置单元格格式】,或直接通过 Ctrl + 1 快捷键,打开【单元格格式】对话框,如图 5-1-27 所示。

(2)选择需要设置格式的选项卡,完成相应格式设置后,按【确定】按钮,完成设置。

1.5.2 工作表的样式设置

对在电子中制作完成的工作表进行样式设置,若碍于时间限制,可以采用表格样式或单元格样式来完成设置,从而实现工作表的美化。具体操作步骤如下:

图 5-1-27 【单元格格式】对话框

(1)选中需要制作表格样式的区域。

(2)执行【开始】选项卡→【表格样式】命令,如图 5-1-28 所示。

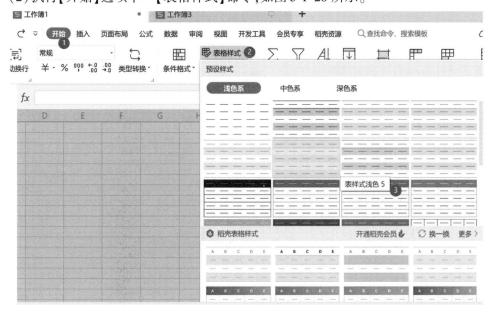

图 5-1-28 设置表格样式

(3)选择其中满意的表格样式,弹出【套用表格样式】对话框,设置相应参数,如图 5-1-29 所示。

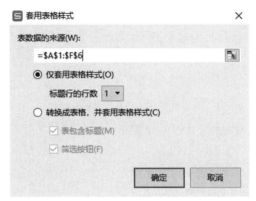

图 5-1-29　【套用表格样式】对话框

(4)单击【确定】按钮后,工作表中被选中的区域将被套用为被选中的格式,如图 5-1-30 所示。

年份	粮食产量（万吨）	粮食作物播种面积(千公顷)	年末总人口（万人）	人均粮食占有量（公斤）	粮食单位面积产量(公斤/公顷)
2017年	66160.73	117989.06	140011.00	472.54	5607.36
2018年	65789.22	117038.21	140541.00	468.11	5621.17
2019年	66384.34	116063.60	141008.00	470.78	5719.65
2020年	66949.15	116768.17	141212.00	474.10	5733.51
2021年	68284.75	117630.82	141260.00	483.40	5805.01

图 5-1-30　套用表格

任务 2　公式、函数应用

学习目标

掌握电子表格中公式基本操作。
掌握电子表格中函数的使用。

知识点

公式、单元格区域引用、函数使用。

2.1　建立公式

电子表格中最常用的公式是数学运算公式,此外还有比较、文字连接等运算。
1)公式运算符
公式中可以使用的运算符包括:
(1)数学运算符:加(+)、减(-)、乘(*)、除(/)、百分号(%)、乘方(^)等。

(2)比较运算符:等于(=)、大于(>)、小于(<)、大于等于(>=)、小于等于(<=)、不等于(<>)(注:根据比较的关系成立与否,运算结果为 TRUE 或 FALSE)。

(3)文字运算符:&,作用是将两个文本连接起来。

2)公式输入

公式一般可以在编辑栏中直接输入,方法为:先选中需要输入公式的单元格,再输入等号"=",然后输入要计算的公式,按【Enter】键或单击编辑栏中的【√】按钮即可。也可以在选择单元格后,在编辑栏中输入计算的公式,最后按【Enter】键或是单击编辑栏中输入【√】按钮。

2.2 单元格引用和公式的复制

公式的复制可以避免大量重复输入公式的操作。复制公式时,会涉及单元格区域的引用。引用的作用在于标识工作表上单元格的区域,并指明公式中所使用数据的位置。单元格区域引用分为相对引用、绝对引用及混合引用三种。

1)相对引用

对于电子表格中默认单元格的引用为相对引用,如 A1、B1 等。相对引用是公式在复制或移动时会根据移动的位置,自动调节公式中引用单元格的地址。例如,C2 单元格中的公式为"=A2*B2",当求和公式从 C2 单元格复制到 C3 单元格时,C3 单元格的公式就变成了"=A3*B3"。以此类推,相对引用是实现公式复制的基础。

2)绝对引用

绝对引用是指在单元格地址的行号和列号前,都加上"$"符号,如 $A$1。绝对引用的单元格不会随公式位置的变化而变化。例如:若 C2 单元格中的公式改为"=$A$2*$B$2",再将公式复制到 C3 单元格,就会发现,C3 单元格中的公式仍然是"=$A$2*$B$2"。也就是说,引用区域不会发生任何变化。

3)混合引用

混合引用是指在单元格地址的行号或列号前加上"$"符号,如 $A1 或 A$1。当公式单元格因为复制或插入而引起行、列变化时,公式的相对地址部分也会随位置而变化,而绝对地址部分则不会改变。例如:若 C2 单元格中的公式改为"=$A2*B$2",再将公式复制到 C3 单元格,这时会发现,C3 单元格中的公式变为"=$A3*B$2"。

2.3 函数

电子表格中提供了很多函数,为用户对数据进行运算和分析提供了便利。具体操作步骤如下:

(1)选中所需函数计算的单元格。

(2)选中【公式】选项卡,单击【插入函数】命令,如图 5-2-1 所示。

出现【插入函数】对话框,如图 5-2-2 所示。

图 5-2-1 【插入函数】设置

（3）在【或选择类别】的下拉列表框中选择【常用函数】。

（4）在【选择函数】的列表框中选择需的函数，并单击【确定】按钮。

如果所需函数只是求和、求平均值、求最大值/最小值之类，可以直接单击工具栏中的【自动求和】下拉按钮选择，如图 5-2-3 所示。

图 5-2-2 【插入函数】对话框

图 5-2-3 自动求和下拉菜单

任务3　图表生成

学习目标

掌握电子表格中图表的生成方法。
掌握电子表格中图表的定制化操作。

知识点

图表生成、图表编辑、定制化操作。
图表的类型：
电子表格提供了柱形图、条形图、折线图、饼图、面积图、雷达图等多种图表类型，每一种图表都有多种组合和变换。如柱形图包含了簇状柱形图、堆积柱形图、百分比堆积柱形图等类型。

3.1 建立图表

建立图表的步骤如下：

（1）选择需要插入图表说明的数据区域，点击【插入】选项卡，单击【全部图表】下拉菜单，选择【全部图表】命令，如图 5-3-1 所示。

图 5-3-1　插入图表

弹出【图表】对话框，如图 5-3-2 所示。

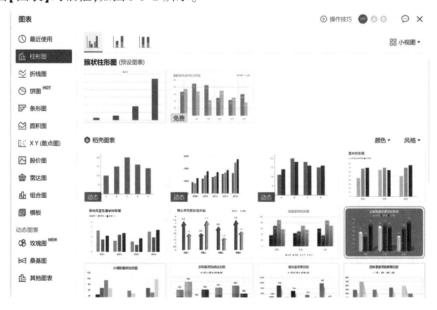

图 5-3-2　图表对话框

(2)生成的图表,可以通过【图表工具】选项卡进行添加元素、快速布局、更改颜色等操作,如图 5-3-3 所示。

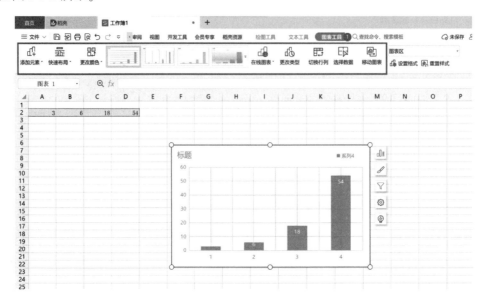

图 5-3-3　图表工具

也可以选中图表,通过右侧的工具按钮完成图表修改,如图 5-3-4 所示。

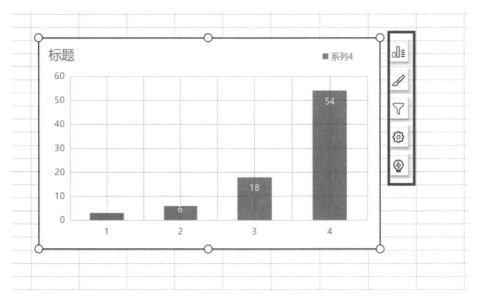

图 5-3-4　图表设置

3.2　图表编辑

1)图表文本数据编辑

图表中的每一个元素都独立于图表之上,可以分别选中对其进行编辑。比如图标中设

置的图表标题、横向轴标题、纵向轴标题、图例、数据标签等元素格式,都可以进行设置,操作步骤如下:

首先选中图表,在【图表工具】选项卡中单击【图表区】下拉菜单,选择【图表标题】,如图 5-3-5 所示。

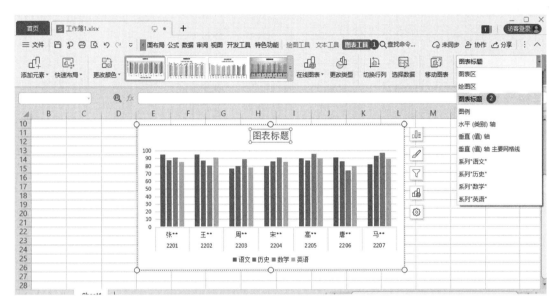

图 5-3-5　图表工具

对选中的图表标题可以进行【标题选项】和【文本选项】设置,如图 5-3-6 所示。

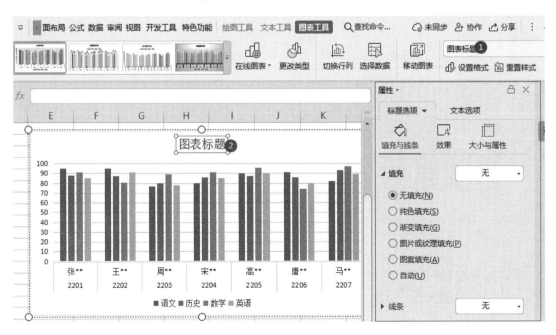

图 5-3-6　图表标题属性

双击图表即可编辑图表标题的内容,改为学生成绩表,如图 5-3-7 所示。

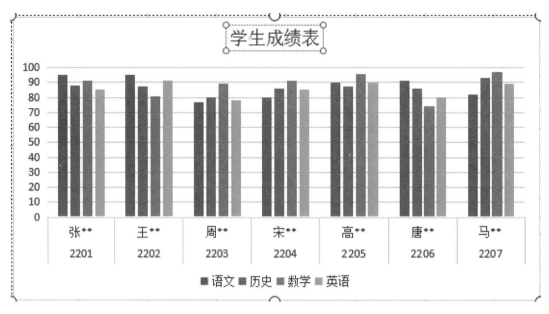

图 5-3-7　图表标题

通过【图表工具】选项卡中的【快速布局】可以选择合适的布局方式,以布局 10 为例,如图 5-3-8 所示。

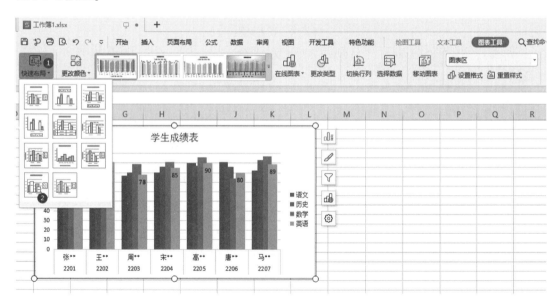

图 5-3-8　图表布局

通过【更改颜色】下拉菜单修改图表颜色,如图 5-3-9 所示。

可以根据内置的预设样式,套用不同的样式类型。

2)图表区、绘图区编辑

具体操作步骤如下:

(1)选中图表区域,单击【图表工具】选项卡,在下拉菜单中选择【图表区】,在属性窗口

【图表选项】中设置填充为【渐变填充】,如图 5-3-10 所示。

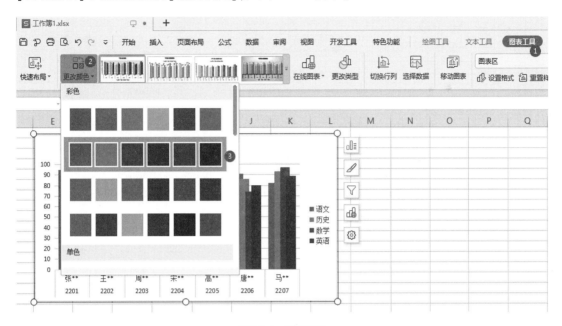

图 5-3-9　图表颜色

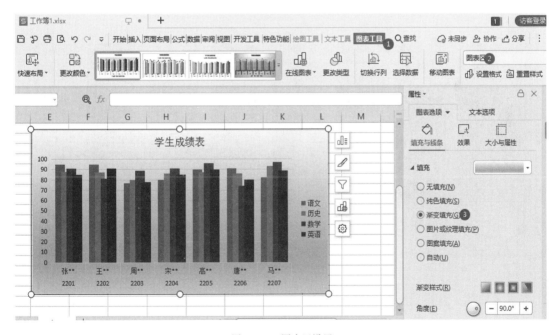

图 5-3-10　图表区设置

(2)在属性窗口中选择【文本选项】选项卡,可以设置文本填充类型、颜色、透明度等参数。如图 5-3-11 所示。

绘图区域编辑和图表区域编辑方法,与上述操作类似,可以试用上述方法完成设置。绘图区、图表区设置效果图如图 5-3-12 所示。

信息技术（基础模块）

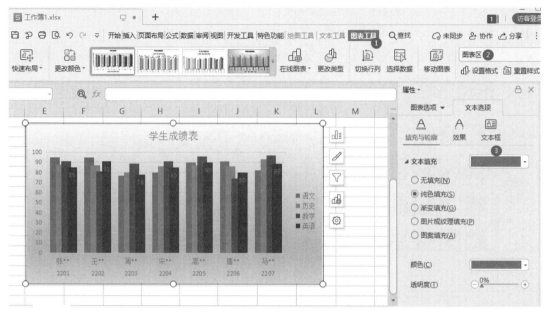

图 5-3-11　文本选项设置

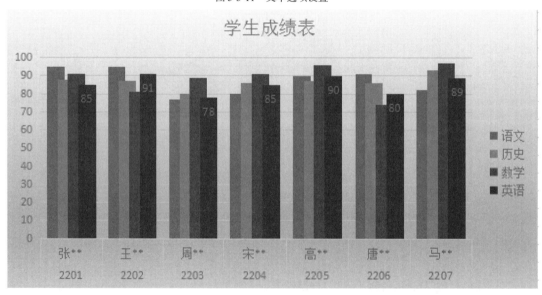

图 5-3-12　设置效果图

任务 4　数 据 分 析

学习目标

掌握电子表格中的数据排序、数据筛选功能。

掌握电子表格中的数据分类汇总功能。
掌握电子表格中的数据透视表、数据透视图功能。

▶ 知识点

排序、筛选、分类汇总、透视表、透视图。

4.1 数据排序

排序可以让杂乱无章的数据按一定的规律有序排列,从而加快数据查询的速度。
排序操作可以通过单击【开始】选项卡,选择【排序】下拉菜单,包括升序、降序、自定义排序三种,如图 5-4-1 所示。

图 5-4-1　排序类型

如图 5-4-2 所示,选择需要排序的数据区域,单击【降序】,默认是以学号进行降序排序。

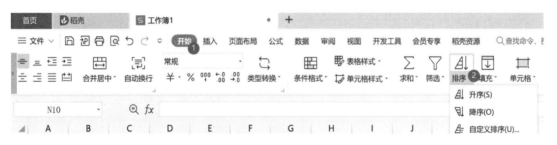

图 5-4-2　数据排序

若想以总成绩降序排序,可以通过两种方式实现:
(1)仅选中总成绩一列,选择【排序】下拉菜单单击【降序】,弹出如图 5-4-3 所示的排序警告。点击【排序】后,即可以总成绩降序排序,如图 5-4-4 所示。

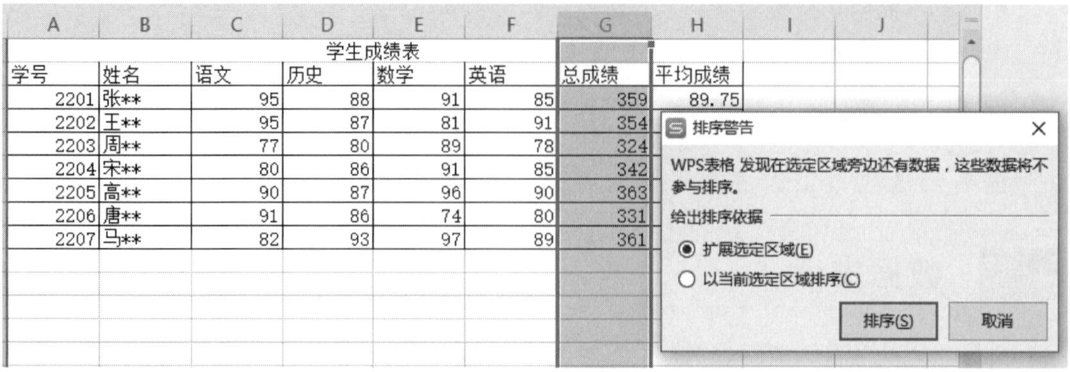

	A	B	C	D	E	F	G	H	I	J
				学生成绩表						
	学号	姓名	语文	历史	数学	英语	总成绩	平均成绩		
	2201	张**	95	88	91	85	359	89.75		
	2202	王**	95	87	81	91	354			
	2203	周**	77	80	89	78	324			
	2204	宋**	80	86	91	85	342			
	2205	高**	90	87	96	90	363			
	2206	唐**	91	86	74	80	331			
	2207	马**	82	93	97	89	361			

排序警告
WPS表格 发现在选定区域旁边还有数据,这些数据将不参与排序。
给出排序依据
● 扩展选定区域(E)
○ 以当前选定区域排序(C)
[排序(S)] [取消]

图 5-4-3　排序警告

			学生成绩表				
学号	姓名	语文	历史	数学	英语	总成绩	平均成绩
2205	高**	90	87	96	90	363	90.75
2207	马**	82	93	97	89	361	90.25
2201	张**	95	88	91	85	359	89.75
2202	王**	95	87	81	91	354	88.5
2204	宋**	80	86	91	85	342	85.5
2206	唐**	91	86	74	80	331	82.75
2203	周**	77	80	89	78	324	81

图 5-4-4　降序排序

（2）选中数据区域，选择【排序】下拉菜单单击【自定义排序】，弹出如图 5-4-5 所示的【排序】对话框。在【主要关键字】选择【总成绩】，在【次序】选择【降序】。

图 5-4-5　排序对话框

点击【确定】，即可实现以总成绩降序排序。

自定义排序可以实现对多个关键字的排序，根据要求设置排序的主要关键字、次要关键字和第三关键字，系统就会按照系统设置的关键字顺序进行排序，如图 5-4-6 所示。

图 5-4-6　多个关键字排序

4.2 数据筛选

筛选操作是数据管理中是比较常见的操作,可以帮助我们在海量的数据中筛选出我们所需要的信息,包括筛选、高级筛选、快捷筛选等。其中【筛选】命令用于进行简单条件的筛选,【高级筛选】命令应用于复杂条件的筛选。

1) 筛选

具体操作步骤如下:

(1) 选中需要进行筛选的数据区域。

(2) 单击【开始】选项卡,点击【筛选】下拉菜单,选择【筛选】命令。如图 5-4-7 所示。

图 5-4-7　筛选下拉菜单

此时,数据清单中的所有字段名的右侧都会出现一个下拉箭头。

(3) 单击某一字段名右侧的下拉箭头,弹出下拉菜单,在其中选择要查找的操作选项,如图 5-4-8 所示。

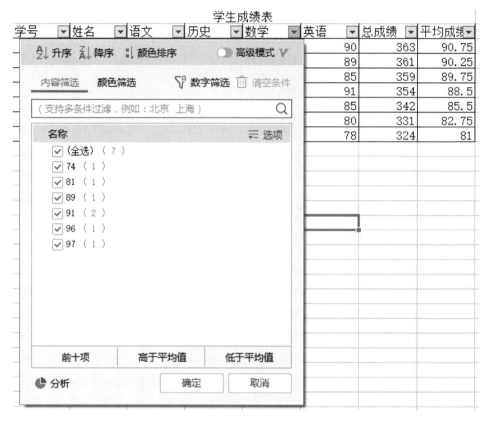

图 5-4-8　筛选条件

以下是对图 5-4-8 下拉菜单中各操作选项的解释：

(1)【升序】和【降序】：选中的列按照升序或者降序进行排列并显示。

(2)【前十项】：显示数据清单前 10 个数据记录。需要注意的是：该选项只针对数值型字段有效。

(3)【高于平均值】：所选的列按照高于该列平均值进行筛选并显示。

(4)【低于平均值】：所选的列按照低于该列平均值进行筛选并显示。

注意：如果要取消【筛选】功能，只要再次单击【筛选】命令即可。

2）高级筛选

使用【筛选】功能可以快速查找显示需要的数据，但该功能属于常用功能。使用【高级筛选】功能就可以一次性把用户想要的数据全部找到，具体操作如下：

(1) 先在工作表中设置一个条件区域。条件区域的第一行必须是字段名称，以下各行为相应的条件值。因此，我们选择在数据表格之外的任意空白单元格，在第一行中输入排序的字段名称，在第二行中输入需要查找的条件，例如语文大于 90 分并且数据大于 90 分的数据。

(2) 选中工作表中的所有数据区域。

(3) 执行【开始】选项卡，点击【筛选】下拉菜单，选择【高级筛选】命令，弹出【高级筛选】对话框，如图 5-4-9 所示。

图 5-4-9 【高级筛选】对话框

(4) 在【方式】域中,选中【在原有区域显示筛选结果】单选按钮。

(5) 在【列表区域】域中,是已自动选好的刚才选定的区域。

(6) 在【条件区域】域中,单击框右边的按钮,用鼠标拖动选中刚才建立的条件区域。

(7) 单击【确定】按钮,结束操作。

这样系统会就根据设定的条件区域中的条件进行筛选。图 5-4-10 所示的是筛选前的数据,图 5-4-11 所示的是通过条件"语文大于 90 分并且数学大于 90 分"筛选后最终显示的数据。

学生成绩表

学号	姓名	语文	历史	数学	英语	总成绩	平均成绩
2205	高**	90	87	96	90	363	90.75
2207	马**	82	93	97	89	361	90.25
2201	张**	95	88	91	85	359	89.75
2202	王**	95	87	81	91	354	88.5
2204	宋**	80	86	91	85	342	85.5
2206	唐**	91	86	74	80	331	82.75
2203	周**	77	80	89	78	324	81

图 5-4-10 筛选前的数据显示

学生成绩表

学号	姓名	语文	历史	数学	英语	总成绩	平均成绩
2201	张**	95	88	91	85	359	89.75

图 5-4-11 筛选后的数据显示

4.3 数据分类汇总

在创建分类汇总之前,需要先对数据表进行排序,将关键字相同的一些记录集中在一起。随后,就可以使用分类汇总功能。具体的操作过程如下:

(1) 首先对需要分类汇总的数据表进行排序,使相同的记录排在一起,如图 5-4-12 所示,按性别排序,使性别相同的记录排在一起。

学生成绩表

学号	姓名	性别	语文	历史	数学	英语	总成绩	平均成绩
2201	张**	男	95	88	91	85	359	89.75
2202	王**	男	95	87	81	91	354	88.5
2205	高**	男	90	87	96	90	363	90.75
2203	周**	女	77	80	89	78	324	81
2204	宋**	女	80	86	91	85	342	85.5
2206	唐**	女	91	86	74	80	331	82.75
2207	马**	女	82	93	97	89	361	90.25

图 5-4-12　排序后的数据显示

（2）选定所需分类汇总的数据区域。

（3）单击【数据】选项卡，选择【分类汇总】命令，弹出【分类汇总】对话框，如图 5-4-13 所示。

图 5-4-13　【分类汇总】对话框

（4）在【分类字段】栏中选择需要进行分类的依据，例如选择【性别】。

（5）在【汇总方式】栏中选择需要的汇总方式，例如选择【最大值】。

（6）在【选定汇总项】栏中，选择需要进行汇总的字段。这里选择【平均成绩】。

（7）单击【确定】按钮结束操作。这样系统就生成如图 5-4-14 所示的汇总信息。

1 2 3		A	B	C	D	E	F	G	H	I
	1					学生成绩表				
	2	学号	姓名	性别	语文	历史	数学	英语	总成绩	平均成绩
	3	2201	张**	男	95	88	91	85	359	89.75
	4	2202	王**	男	95	87	81	91	354	88.5
	5	2205	高**	男	90	87	96	90	363	90.75
	6			男 最大值						90.75
	7	2203	周**	女	77	80	89	78	324	81
	8	2204	宋**	女	80	86	91	85	342	85.5
	9	2206	唐**	女	91	86	74	80	331	82.75
	10	2207	马**	女	82	93	97	89	361	90.25
	11			女 最大值						90.25
	12			总最大值						90.75

图 5-4-14　汇总信息

4.4 数据透视表

数据透视表是分析数据的利器,它所采取的透视和筛选方法使其具有极强的数据表达能力,并且可以转换成行或列,以查看源数据的不同汇总结果。它不但能显示不同页面以筛选数据,还可以根据需要显示明细数据。

具体操作步骤如下:

(1)打开数据源工作表,选中数据源,单击【数据】选项卡,选择【数据透视表】命令,出现【创建数据透视表】对话框,如图 5-4-15 所示。

(2)按照系统默认的选项,在【请选择要分析的数据】域中选择【请选择单元格区域】项,在【请选择放置数据透视表的位置】域中选择【新工作表】项,点击【确定】,出现如图 5-4-16 所示的数据透视表。

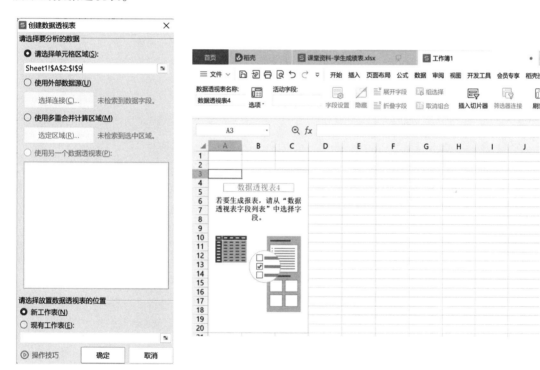

图 5-4-15　创建数据透视表　　　　　图 5-4-16　数据透视表

(3)对于数据区域选择有误时,可以单击【分析】选项卡,选择【更改数据源】,重新选取数据源区域,如图 5-4-17 所示。

(4)单击右侧【数据透视表】属性窗口,可以将字段列表选中后拖动到【数据透视表】区域中的筛选器、列、行、值等不同区域,如图 5-4-18 所示。

(5)将性别字段拖动到【筛选器】区域,将姓名拖动到【行】区域,将平均成绩拖动到【值】区域,即可生成如图 5-4-19 所示效果。

(6)单击右侧【数据透视表】属性窗口中【求和项:平均成绩】下拉菜单,选择【值字段设置】,在【值字段汇总方式】区域,将【求和】改为【平均值】,如图5-4-20所示。

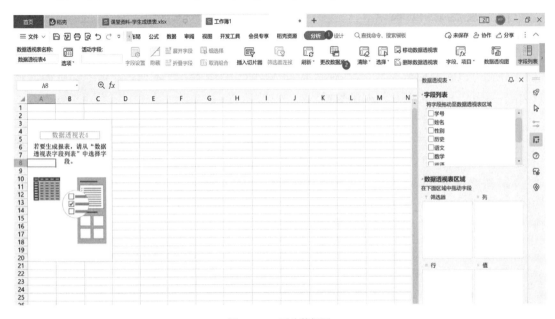

图5-4-17 更改数据源

图5-4-18 字段设置

图 5-4-19　数据透视表效果

图 5-4-20　值字段设置

（7）单击【确定】按钮完成设置，通过单击【性别】可以筛选仅显示性别为男的平均成绩，效果如图 5-4-21 所示。

图 5-4-21　透视表效果

4.5 数据透视图

创建数据透视图与创建数据透视表的方法基本一致,选择【插入】选项卡单击【数据透视图】命令,弹出【创建数据透视图】对话框,如图5-4-22所示。

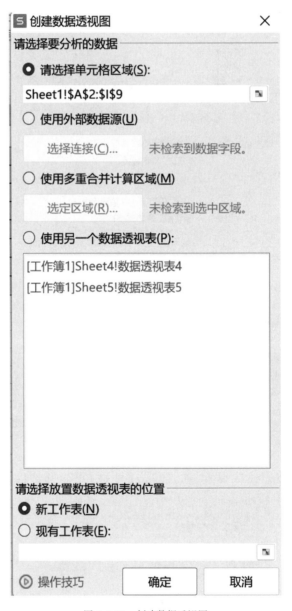

图 5-4-22　创建数据透视图

在【请选择要分析的数据】区域选择【请选择单元格区域】,选定数据源区域,在【请选择放置数据透视表的位置】区域,选择【新工作表】,如图5-4-23所示。

其他步骤与创建数据透视表相同。最终效果如图5-4-24所示。

模块五 WPS 电子表格应用

图 5-4-23 数据透视图界面

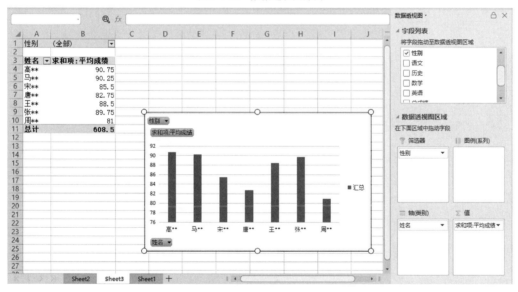

图 5-4-24 数据透视图效果

本模块习题

	A	B	C	D	E	F
1	年份	粮食产量（万吨）	粮食作物播种面积(千公顷)	年末总人口（万人）	人均粮食占有量（公斤）	粮食单位面积产量(公斤/公顷)
2	2017年	66160.73	117989.06	140011.00		
3	2018年	65789.22	117038.21	140541.00		
4	2019年	66384.34	116063.60	141008.00		
5	2020年	66949.15	116768.17	141212.00		
6	2021年	68284.75	117630.82	141260.00		

221

根据表中数据,按下列要求完成操作,并保存为中国粮食统计表.et。

(1)在第一行前插入一行,并将A1:F1单元格区域合并居中,输入标题文字"中国粮食统计表",设置单元格填充"深蓝"色,并将字体设置为黑体、橙色、16(磅)。

(2)将数据区域A3:F7的外框线及内部框线均设为单细线,第A:F列的列宽为25字符,第3:7行的行高为20磅。将数据区域B3:F7的数字格式设置为数值、保留两位小数。

(3)运用公式或函数分别计算出2017~2021年人均粮食占有量和粮食单位面积产量,填入"人均粮食占有量(公斤)""粮食单位面积产量(公斤/公顷)"列中。将编排计算完成的工作表"Sheet1"复制一份副本,并将副本工作表名称更改为"数据图表"。

(4)在新工作表"数据图表"中,首先按照年份和人均粮食占有量两列数据,生成带数据标记的折线图,再按照年份和粮食单位面积产量两列数据,生成面积图。

最终效果如图5-4-25所示。

图5-4-25 习题效果

模块六
WPS演示文稿使用

任务1　WPS 演示基础

学习目标

熟悉 WPS 演示的启动与退出。
熟悉 WPS 演示的窗口的组成。
熟悉 WPS 演示的视图模式。

1.1　WPS 演示的启动和退出

类似 WPS 文字和 WPS 表格，WPS 演示的启动和退出的方法很多，这里介绍常用的几种方法。

1）WPS 演示的启动

以下三种方式均可启动 WPS 演示：

方法一：单击桌面【开始】按钮，依次选择【所有程序】→【WPS office】。

方法二：双击桌面上的 WPS Office 快捷图标。

方法三：双击后缀名为.dps 的 WPS 演示文件。

2）退出 WPS 演示

以下三种方式均可退出 WPS 演示：

方法一：单击 WPS Office 窗口右上角的【关闭】按钮 。

方法二：单击 WPS Office 窗口中的【文件】→【退出】命令。

方法三：按下键盘上的快捷组合键〈Alt + F4〉。

1.2　WPS 演示的工作界面

在成功启动 WPS 演示后，系统会自动创建一个默认文件名为"演示文稿1"的空白演示文稿，这便是 WPS 演示的工作界面，如图6-1-1所示。该工作界面主要由 WPS 演示导航区、备注窗格、幻灯片编辑区、幻灯片任务窗格、功能区、选项卡等部分组成。

1）文档标签

位于屏幕的最顶部，用来显示当前正在使用的软件名称和演示文稿的名称。其右侧是常见的【最小化】、【最大化】/【还原】、【关闭】按钮。

2）菜单栏

位于标题栏的下方，包含了 WPS 演示的所有控制功能，有【文件】、【编辑】、【视图】、【插入】、【格式】、【工具】、【幻灯片放映】、【窗口】、【帮助】等菜单项，每一组菜单就是一套相关操作和命令的集合。单击某菜单项，可以打开对应的菜单，执行相关的操作命令。

模块六 WPS 演示文稿使用

图 6-1-1　WPS Office 演示文稿的工作界面

3）工具栏

位于菜单栏的下方，是菜单栏的直观化，即将一些常用的命令用图标按钮代替，集中在一起形成工具栏。因此工具栏中的所有按钮，都可以在菜单栏里找到。通过工具栏进行操作和通过菜单进行操作的结果相同。

第一次打开 WPS Office 演示文稿编辑环境时，通常只有常用工具栏、格式工具栏和绘图工具栏。其余可以通过在工具栏上的任意位置单击鼠标右键，在弹出的快捷菜单中选择要打开的工具栏名称。名称前有"√"的表示该工具栏已经打开。

4）编辑区

默认情况下，编辑区是窗口中面积最大的区域，位于幻灯片中央，进行编辑和修改可以通过添加文本、插入图片、表格、图表、文本框、电影、声音、超级链接和动画等方式，对幻灯片内容进行修改。

5）备注窗格

位于幻灯片编辑区的下部，是用来为幻灯片添加说明或注释的窗口。该窗口的内容在编辑时起到提示用户的作用，在幻灯片放映时不显示。

6）状态栏

位于窗口最底部，用来显示演示文稿的一些相关信息，如幻灯片的总数、当前位于第几张幻灯片等。

7）幻灯片窗格

此窗格中有两个选项卡。一个是默认的【幻灯片】选项卡，由幻灯片的缩略图组成。使用缩略图能更方便地通过演示文稿导航,观看设计、更改的效果,也可以重新排列、添加或删除幻灯片;另一个是【大纲】选项卡,可以通过该选项卡输入文本内容、移动幻灯片、更改演示文稿的设计和计划,为读者组织材料、编写大纲提供了简明的环境。

8)视图切换按钮

位于备注窗口左下方,通过这些按钮可以以不同方式查看演示文稿。WPS 演示中有 4 种不同的视图,包括普通视图、幻灯片浏览视图、幻灯片放映视图以及备注页视图。用户可以通过【视图】下拉菜单在各个视图之间进行切换,也可以单击视图切换按钮(除备注页视图外)进行视图切换。鼠标悬停在这些按钮上,会自动出现对应的视图切换名称。

(1)普通视图:是主要的编辑视图,可用于撰写和设计演示文稿。

(2)幻灯片浏览视图:在此视图中,演示文稿中所有的幻灯片以缩略图的形式按顺序显示。用户可以看到整个演示文稿的外观,因而可以很轻松地组织幻灯片,在幻灯片之间进行移动、复制、删除等编辑操作,还可以设置幻灯片的放映方式、动画效果等。但是,在该视图下不能对幻灯片中的对象进行编辑。图 6-1-2 是幻灯片浏览视图下的演示文稿。

图 6-1-2 幻灯片浏览视图下的演示文稿

(3)幻灯片放映视图:在此视图中,幻灯片占据整个计算机屏幕,就像一台真实的放映机在放映演示文稿。此外,还可以看到图形、图像、影片、动画元素及切换效果。

(4)备注页视图:单击【视图】菜单中的【备注页】命令,进入幻灯片备注视图,可以在备注栏中添加备注信息(备注是演示者对幻灯片的注释或说明)。备注信息只在备注视图中显示,在演示文稿放映时不会出现,如图 6-1-3 所示。

图 6-1-3 备注页视图

1.3 创建、保存演示文稿

新安装的 WPS Office 软件,启动后会先进入组件选择以及在线模板页面。

1)创建演示文稿

(1)创建空白演示文稿。

WPS 演示提供了多种创建文档的方法。

方法一:双击桌面上的 WPS 2019 启动程序,单击【演示】按钮,选择【创建空白文档】。

方法二:单击 WPS 2019 程序上方的【+】按钮,选择【新建演示】组件→【新建空白演示】,如图 6-1-4 所示。

方法三:使用组合键⟨Ctrl + N⟩。

方法四:单击位于界面左上方的【文件】菜单按钮,依次单击【新建】→【新建空白演示文稿】命令。

图 6-1-4　打开【新建演示文稿】任务窗格

方法五:在桌面上单击右键,在弹出的快捷菜单中选择【新建】→【WPS 演示文稿】命令,桌面上会出现一个新建的 WPS 演示文稿,双击打开即可创建空白的演示文稿。

(2)利用主题模板创建新演示文稿。

方法一:单击位于界面左上方的【文件】菜单按钮,依次单击【新建】→【从本机上的模板新建】命令,打开【模板】对话框,单击其中的【常用】或者【通用】标签,选择一种模板,在预览区域使用此模板,可勾选【设为默认模板】复选框。

方法二:单击 WPS 2019 程序上方的【+】按钮,选择"演示"组件,通过鼠标上下滚动浏览。打开在线模板页面,通过浏览找到合适的模板,单击模板左下方的下载图标,很快完成下载,幻灯片导航区内出现一组专业美观的演示文稿页面,稍加修改即可完成新的演示文稿创建。

2)切换演示文稿

WPS 演示允许多文档操作,可以同时打开多个文档进行快速切换,以提高工作效率。

切换文档有以下两种方法:

方法一:在文档标签中,单击某个打开的文稿的文件名。

方法二:所有已打开的文件名均显示在桌面底部的任务栏中,将鼠标移至需要切换的文件图标,便会弹出能切换的文件名,单击要切换的文件名即可。

3)保存演示文稿

完成演示文稿的制作后,一定要注意演示文稿文件的保存。在编辑、修改演示文稿时,也要养成随时保存的好习惯,以避免因断电、死机等意外事故造成的文件数据损失。在 WPS 演示中,可使用以下方法保存演示文稿。

①在菜单栏依次单击【文件】→【保存】命令。

②单击常用工具栏上的【保存】按钮。

③按快捷键〈Ctrl + S〉。

如果是第一次保存演示文稿,则会弹出【另存为】对话框,如图 6-1-5 所示。在该对话框中设置好保存位置、文件名和保存类型,再单击【保存】按钮。若要将文稿以另外的文件名或文件类型保存,则可执行【文件】菜单中的【另存为】命令,会弹出【另存为】对话框,用户可以按需要进行设置和保存。

图 6-1-5 【另存为】对话框图

任务 2 幻灯片的基本操作

学习目标

掌握在不同视图下对幻灯片的各种操作,如复制、粘贴、移动等。

2.1 选定幻灯片

1)普通视图模式下的操作

(1)单击状态栏的【视图】工具栏中的【普通视图】按钮,切换到普通视图模式,单击【幻灯片导航】取得幻灯片选项卡,在其下的幻灯片窗格中,通过鼠标单击即可选中此幻灯片。

(2)如需选中连续的几张幻灯片,可单击要选中的第一张幻灯片,按住【Shift】键单击要选中的最后一张幻灯片,即可选中此两者之间连续的幻灯片。

(3)如需选中几张不连续的幻灯片,可单击要选中的第一张幻灯片,按住【Ctrl】键的同时,依次单击要选中的各张幻灯片,即可选中这几张不连续的幻灯片。

(4)如需全选幻灯片,在大纲视图或幻灯片浏览视图模式下,按组合键〈Ctrl + A〉。

2）幻灯片浏览视图模式下的操作

单击状态栏【视图】工具栏中的【幻灯片浏览视图】按钮，切换到幻灯片浏览视图，其余操作和普通视图模式下的操作完全一致。

2.2 插入/删除和保存幻灯片

1）插入幻灯片

方法一：在普通视图模式下，找到要添加幻灯片的位置，在此幻灯片前单击鼠标左键，会出现一个闪烁的幻灯片占位符，右键单击，在弹出的快捷菜单中选中【新幻灯片】命令，即可在此幻灯片前插入一张新的空幻灯片。

方法二：在此幻灯片上单击鼠标左键选中幻灯片，右键单击，在弹出的快捷菜单中选择【新幻灯片】命令，即可在此幻灯片后插入一张新的空白幻灯片。

方法三：选中要插入幻灯片的位置，出现幻灯片占位符，或者选中幻灯片后，在【开始】选项卡中单击【新建幻灯片】。

方法四：单击选定的缩略图右下方的"＋"按钮，在弹出的展示页中选择【从不同的版式模板中创建】。

小提示：前三种方法都可以利用鼠标右键单击操作完成；也可以通过组合键〈Ctrl + C〉和〈Ctrl + V〉，完成相同幻灯片的复制粘贴。

2）删除幻灯片

一般是在【普通视图】和【幻灯片浏览视图】中，进行删除幻灯片的操作，方法基本相同。删除幻灯片的方法有以下五种：

方法一：选中要删除的幻灯片，右键单击后在弹出的快捷菜单中选择【删除幻灯片】命令。

方法二：选中要删除的幻灯片，依次单击【开始】→【剪切】命令。

方法三：选中要删除的幻灯片，按键盘上的【Delete】键。

方法四：选中要删除的幻灯片，按键盘上的【Backspace】键。

方法五：选中要删除的幻灯片，按组合键〈Ctrl + X〉。

2.3 改变幻灯片版式

1）幻灯片版式简介

幻灯片版式是指幻灯片内容在幻灯片上的排列方式。版式由占位符组成，占位符可放置文字和幻灯片内容。WPS演示文稿默认包含标题、两栏内容、对比等11种类型版式，每种版式都已预设占位符位置，可以在占位符中添加文本、图形、图表等内容。

右键单击幻灯片编辑区，在弹出的快捷菜单中选择【幻灯片版式】命令，即可显示【模板版式】窗口，在其中选中需要设置版式的幻灯片。

2）改变幻灯片版式操作

步骤一：在默认幻灯片普通视图下，在左侧【大纲/幻灯片】窗格【幻灯片】选项卡中，单击选定需要更改版式的幻灯片。

步骤二：在【开始】选项卡中单击【版式】按钮。

步骤三：在弹出的【版式】下拉框【母版版式】选项卡中，选择所需幻灯片版式。

步骤四：确定了幻灯片版式后，即可在相应位置添加内容。如图6-2-1所示。

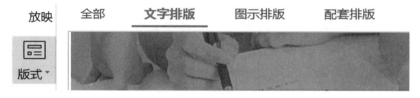

图 6-2-1　幻灯片版式

任务3　修饰演示文稿

学习目标

掌握使用母版统一幻灯片的外观。

熟悉应用设计模板，设计制作演示更专业、主题更鲜明、界面更美化、字体更规范、配色更标准的演示文稿。

掌握设置背景的方法。

掌握添加图形、表格和艺术字的方法。

掌握插入多媒体对象的方法。

演示文稿主要通过演示实现告知为目的，因此需要对相应的文字、图片等元素进行整合和美化，以提高演示的效果。

3.1　用母版统一幻灯片的外观

幻灯片母版是模板的一部分，是一种特殊的幻灯片，其保存格式和普通幻灯片不同。母版中的设置能影响到相应模板中的各项设置，因此通过母版设置可以快速统一幻灯片的外观，达到很好的演示效果。

1）幻灯片母版操作

WPS 演示母版可以分成四类：幻灯片母版、标题幻灯片母版、讲义母版和备注母版。其中最常用的是幻灯片母版，它可以控制除标题幻灯片版式以外的所有幻灯片格式，如图 6-3-1 所示。其他母版如标题幻灯片母版可以控制演示文稿的第一张幻灯片，相当于幻灯片的封面，通常会被单独列出来设计。讲义母版用于控制幻灯片以讲义形式打印的格式。备注母版主要提供演讲者备注使用的空间以及设置备注幻灯片的格式。以上母版的操作，都可以通过【视图】→【母版】中的相应命令进行。

模块六　WPS 演示文稿使用

图 6-3-1　幻灯片母版示例

使用幻灯片母版,需要进入幻灯片母版视图,才可以进行相关的操作,如:更改文本格式、向母版中插入对象、设置幻灯片的背景、添加页眉页脚等。

进入幻灯片母版视图具体操作如下:打开演示文稿,在菜单栏依次单击【视图】→【母版】→【幻灯片母版】,进入幻灯片母版视图,同时弹出【幻灯片母版视图】工具栏。

2)统一设置日期、页码

步骤一:单击【插入】→【日期和时间】命令,弹出【页眉和页脚】对话框,单击【幻灯片】标签,可以为幻灯片设置统一的日期和时间、幻灯片编号、页脚等内容,以及是否在标题幻灯片中显示,随后单击【应用】或【全部应用】即可;如果单击【取消】,则此次设置无效。如图 6-3-2 所示。

步骤二:勾选复选框【标题幻灯片不显示】,则标题幻灯片不显示此次设置的内容。单击【关闭母版视图】,回到普通视图,则普通版式的幻灯片中会出现统一设置的日期、页码等内容,标题幻灯片中则不显示设置的内容。

3)设置统一标志

很多幻灯片中的固定位置都有统一的标志,便于套用,在减轻工作强度的同时,也让人耳目一新。

步骤一:单击【视图】→【幻灯片母版】,打开幻灯片母版视图,选中导航栏中第一张幻灯片母版,在其中绘制前后页跳转按钮图形,并设置好跳转动画。如图 6-3-3 所示。

图 6-3-2　【页眉和页脚】对话框

步骤二:单击【关闭】按钮,回到普通视图,单击视图切换工具栏中的【幻灯片浏览】按钮,幻灯片中都会出现前后页跳转的按钮图形,只有设置为标题母版的除外。

通过母版统一设置跳转按钮,以及各元素的位置、格式、动画等,省时省力,可以快速使幻灯片的外观规范统一。

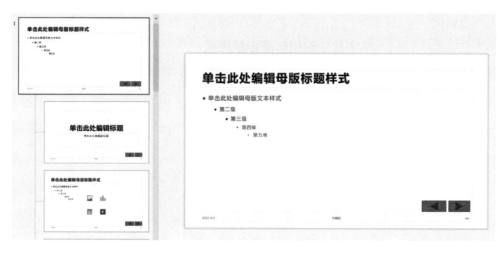

图 6-3-3　幻灯片母版视图中统一设置前后页跳转按钮

3.2　应用设计模板

套用设计模板是实现演示文稿统一外观最为快捷有效的一种方法,它包含了预定义的格式和配色方案。WPS 演示提供的设计模板由专业人员精心设计,可以帮助用户快速创建完美的幻灯片。

1)设计模板的相关知识

设计模板包含丰富的内容,有助于快速建立风格统一的演示文稿,同时便于再编辑。

设计模板是演示文稿的重要组成部分。传统的设计模板包括封面、内页两张背景,而现在设计模版一般包括片头动画、封面、目录、过渡页、内页、封底、片尾动画等页面。

2)设计模板的获取

可通过如下途径获取设计模板:

(1)从论坛网站筛选好的设计模板中下载。

(2)分享设计模板。

(3)利用办公软件自带的设计模板。

(4)自制设计模板。

(5)将演示文稿另存为模板。

3)设计模板的套用

(1)套用其他幻灯片模版/版式。

步骤一:在【设计】选项卡中单击【导入模板】按钮。

步骤二:在弹出的【应用设计模板】窗口中选择需要导入的演示文稿,单击【打开】按钮。该演示文稿的模板格式套用到文件,幻灯片的版式格式、文本样式、背景、配色方案等都会随之变化。

(2)套用在线幻灯片模版/版式

套用在线幻灯片模板需要计算机连接互联网,有以下几种方法:

方法一：在【设计】选项卡中单击【更多设计】按钮，在弹出的【在线设计】对话框中进行选择。

方法二：在【设计】选项卡中单击【魔法】按钮，将针对本演示文稿进行随机套用。

方法三：在幻灯片普通视图下单击左侧缩略图任意幻灯片，单击其右下方【＋】按钮，弹出【在线模板】对话框，在展示页左侧【封面页】标签中选择所需模板。

方法四：在【开始】选项卡中单击【版式】按钮，在弹出的下拉框中单击【推荐排版】选项卡，选择所需模板后单击【应用】按钮。

3.3 设置背景

好的演示文稿之所以能吸引人，不仅需要内容充实明确，优美的页面设计也很重要。漂亮、清新、淡雅的幻灯片背景，也能将演示文稿打造得更有创意、更加好看。背景设置在【对象属性】窗格中进行。

1）打开【对象属性】窗格

方法一：在【设计】选项卡中的【背景】组中，单击【背景】命令。

方法二：右击页面空白处，执行快捷菜单中的【设置背景格式】命令。

2）填充颜色

在右侧【对象属性】窗格中，单击【颜色】下拉框，在弹出的【颜色】色板中选择所需的颜色，或通过【取色器】按钮直接吸取所需的颜色。下方标尺可以左右拖动以调节透明度。

若需要将所设置的颜色应用到所有幻灯片，则单击左下角【全部应用】按钮。如图 6-3-4 所示。

在【颜色】下拉框中如果没有找到合适的颜色，可单击【更多颜色】按钮，在弹出的【颜色】对话框中，通过【标准】选项卡或【自定义】选项卡选定颜色，单击【确定】返回。

3）填充效果

在"对象属性"窗格中有如下填充选项卡可供操作。

（1）【渐变填充】选项

使用渐变填充，可单击【渐变】选项，选择渐变样式、角度，选取相应的颜色类型以及对应颜色，设置透明度、亮度。

（2）【图片或纹理填充】选项

若要使用纹理，可单击【图片或纹理填充】选项，选取所需的纹理样式。若使用图片填充，可从【图片填充】下拉框中选取所需的图片文件。

图 6-3-4 "对象属性"窗格

（3）【图案填充】选项

若使用图案填充，可单击【图案填充】选项，选取所需的图案样式，并设置【前景】颜色以及【背景】颜色。

（4）其他操作

①单击【应用全部】按钮，将背景应用于所有幻灯片。

②单击【重置背景】按钮,取消此次设置。

3.4 添加图形、表格和艺术字

3.4.1 添加图形

步骤一:打开需要添加图形的页面,依次单击【插入】选项卡→【形状】命令按钮,弹出【预设】列表,显示出多种绘图工具,选中一个图形绘制工具。如图6-3-5所示。

图6-3-5 "添加图形"图示

步骤二:此时鼠标指向编辑区时变成十字形,在绘图的起点位置处按住鼠标左键并拖动,拖到合适的位置松开,就可以画出相应的图形。

提示:拖动的同时按住【Shift】键,绘制出的就是正N边形或直线。

3.4.2 添加表格

1)表格插入

方法一:单击【插入】选项卡→【表格】,在网格中拖动鼠标,根据文字显示被选中的行列数,选择行数、列数并单击鼠标,被选中的表格就插入幻灯片编辑窗口。拖动表格控制点可改变表格的大小,拖动表格的边框可以改变表格的位置。

方法二:单击【插入】→【表格】→【插入表格】命令项,弹出【插入表格】对话框,输入行列数,单击【确定】命令。

2)表格设置

单击选中表格,WPS演示选项卡区出现【表格工具】和【表格样式】选项卡,其中:

(1)在【表格工具】选项卡中,可以对表格的行和列、合并/拆分单元格、段落处理、对齐方式以及位置关系等进行设置。

(2)在【表格样式】选项卡中,可以对表格样式进行设置。

(3)还可以在表格上右击,从快捷菜单中选择【设置对象格式】命令项,窗口右侧出现【对象属性】窗格,在其中可以对表格进行各种设置。

3.4.3　添加艺术字

1)插入艺术字

艺术字是一种文字样式库,用户可以将艺术字添加到演示文稿中,制作出富有艺术性的文字,实现不同于普通文字的特殊文本效果。利用这种艺术字进行各种操作,以达到最佳的演示效果。

方法一:单击【插入】选项卡的【艺术字】按钮,在打开的【预设样式】列表中,选取一种所需的艺术字样式单击,则该样式的艺术字占位符会出现在幻灯片编辑区,在占位符中可输入所需的艺术字。

方法二:单击需要设置艺术字的已有文本框,在【文本工具】选项卡中单击【艺术字样式】下拉按钮,从【预设样式】列表中选择一种样式,将文本框中的文字变成艺术字。

2)艺术字的修改

修改艺术字以及段落设置,可选中需要改变的字体、字号的艺术字,通过【文本工具】选项卡功能区中的工具,设置艺术字的字体、字号、字间距、颜色、对齐方式等。

3)改变艺术字的效果

选中所需修改的艺术字,在【文本工具】选项卡中,可以通过【艺术字样式】列表快速应用预设样式、文本填充(颜色、渐变、图片、图案、纹理)、文本轮廓(颜色、线型、虚线线型、粗细等)、文本效果(阴影、倒影、发光、三维旋转、转换等)等功能,进一步修饰艺术字的外观。如图6-3-6所示。

图6-3-6　【文本工具】选项卡

3.4.4　WPS演示中文字的处理

WPS演示中文字主要有四种:占位符文本、文本框中的文本、插入的图形中的文本、艺术字文本。可以通过不同的方式,将文字插入演示文稿编辑区。

WPS 演示中的文字,多数是以插入文本框和利用文本占位符的方式实现的。文本框可以随意调整大小和位置。文本占位符是属于版式内容的一部分。

1)文本占位符

占位符是一种带有虚线或阴影线边缘的框,经常出现在演示文稿的模板中,分为文本占位符、表格占位符、图表占位符、媒体占位符和图片占位符等类型。

(1)利用文本占位符输入文字

文本占位符占住位置后,可以往里面添加内容。文本占位符在幻灯片中表现为一个虚线框,框内往往带有"单击此处添加标题"之类的提示语。鼠标左键单击后,激活插入点光标,提示语会自动消失,用户可以输入内容。

在文本占位符内输入的文字能在大纲视图中预览,并且按级别不同,位置也会有所不同,如图 6-3-7 所示。

图 6-3-7　文本占位符

用户可以通过在大纲视图中选中文字进行操作,直接改变所有演示文稿中的字体、字号设置,这是文本占位符的优势。而利用插入文本框输入的文字则无法在大纲视图中出现,因此不能利用大纲视图进行批量格式设置操作。

用户还可以利用模板,直接改变所有演示文稿中的文字格式设置,效果类似于大纲操作。

(2)文本占位符的修改

在幻灯片上修改文本占位符,可单击选中的文本占位符进行相应的操作。例如删除,选中该文本占位符,按【Delete】键直接删除。

要修改整篇演示文稿的文本占位符,则执行这【视图】→【幻灯片母版】按钮。在出现的【幻灯片母版】选项卡中,单击选中文本占位符进行相应操作。例如删除,可选中该文本占位符,按【Delete】键直接删除,所有幻灯片中该文本占位符都被删除。

(3)文本占位符的位置

通过选中文本占位符,左键双击,打开【对象属性】窗格,可以对颜色、线条、尺寸、位置和文本框等选项进行相应操作。

2）文本框

文本框和文本占位符有相似之处，都可完成文本内容的输入，但又略有不同，即在预设的版式中，文本占位符中的内容能出现在大纲视图中，而后插入的文本框中输入的内容则不会出现。相对而言，利用文本框中输入文字更方便。在幻灯片中插入文本框并输入文字的步骤如下：

步骤一：单击在菜单栏依次单击【插入】→【文本框】→【横向文本框】或【竖向文本框】。

步骤二：此时鼠标移动到幻灯片编辑区中变成十字形，单击后向右下拖动，可预览文本框大小，适时释放鼠标，幻灯片编辑区就会出现一个文本框，出现闪烁的输入文字提示符号，输入文字后按【Enter】键即可。

或者，鼠标右击插入的文本框，从快捷菜单中选择【编辑文字】命令，输入文字后按【Enter】键即可。

提示：其余操作和文本占位符基本相同。

3）自选图形

右击插入的图形，执行快捷菜单中的【编辑文字】命令。

提示：图形中的线条和连接符不能输入文字。

4）粘贴

文字还可以通过粘贴的方式插入。在其他文档中输入文字并复制，切换到幻灯片编辑窗口，可以直接粘贴到文本框或占位符中。

5）利用【绘图工具】选项卡设置

选中插入的文字，单击【绘图工具】选项卡，可以利用其中的多种功能按钮进行相应设置。

6）利用【开始】选项卡设置

选中插入的文字，单击【开始】选项卡，可以利用其中的功能按钮对文字进行相应的排版设置。

7）字体设置

右击插入的文字，执行【字体】命令，打开【字体】对话框，可以对字体、字形、字号、字体颜色、上划线、阴影、上下标、阳文、偏移量等进行设置。

8）项目符号和编号设置

右击插入的文字，执行【项目符号和编号】命令，在打开的对话框中可对项目符号和编号进行设置，使文字显示更为清晰、更有条理。

9）设置对象格式

右击插入的文字，从快捷菜单中选中【设置对象格式】命令，窗口右侧出现【对象属性】窗格，单击其中【形状选项】或【文本选项】标签，做进一步的设置。

3.5 插入多媒体对象

演示文稿的用途越来越广泛，仅使用图片、文字早已不能满足用户的需求，越来越多的音频、视频等多媒体对象被应用在演示文稿中,有声有色、图文并茂的幻灯片越来越受欢迎。多媒体对象的播放可控性很强,对于演示活动帮助也很大。

利用【插入】选项卡向幻灯片中添加音频、视频的操作如下:

打开要添加音频、视频的幻灯片,选择好要插入的页,单击【插入】选项卡,在功能区中,可供选择的有三项:音频、视频、屏幕录制。

1)插入视频

选择需要插入视频的幻灯片,在【插入】选项卡上单击【视频】按钮下方的黑色三角箭头,从打开的下拉列表中选择【嵌入视频】【链接到视频】或【开场动画视频】,如图 6-3-8 所示。在【插入视频】对话框中选定目标视频,双击打开。视频插入幻灯片后,可以通过拖动的方式移动其位置,拖动其四周的尺寸空点,还可以改变其大小。

图 6-3-8 【插入】选项卡→【视频】命令

选择视频,单击下方的【播放/暂停】按钮,可在幻灯片上预览视图。

2)插入音频

步骤一:单击【音频】,在下拉菜单中选择【嵌入音频】命令,打开【插入音频】对话框,选取包含插入声音文件的文件夹,再选择所需声音文件,单击【打开】按钮。

步骤二:WPS 演示会弹出对话框,询问【您希望在幻灯片放映时如何开始播放声音?】,可选取【自动】或【在单击时】播放。

3)插入背景音乐

演示文稿在播放过程中如需播放音乐,可以利用插入背景音乐等方法实现。

(1)利用【音频工具】选项卡插入背景音乐

步骤一:在【插入】选项卡中单击【音频】下拉按钮,在下拉菜单中选择【嵌入音频】命令,打开【插入音频】对话框,从中选择一个音频文件插入幻灯片中。

步骤二:选中刚要插入的音频文件(即小喇叭图标),WPS 演示选项卡区出现【音频工具】选项卡,单击【设为背景音乐】按钮。在功能区中可设置音量、淡入淡出效果、作用时间、音频使用范围(当前页还是跨幻灯片)、是否循环播放、音频图标是否隐藏等。

提示:背景音乐在幻灯片放映的状态下播放。

(2)利用【幻灯片切换】窗格给幻灯片添加音频

步骤一:在幻灯片上右击,从快捷菜单中选择【幻灯片切换】命令,调出【幻灯片切换】窗格。如图 6-3-9 所示。单击【修改切换效果】区域的【声音】下拉菜单,可以选择一种声音,或选择【来自文件】,打开【添加声音】对话框,通过浏览选取所需声音文件,单击【打开】声音。

步骤二:可勾选【播放下一段声音前一直循环】选项。

步骤三：单击【应用于所有幻灯片】选项,实现每一次切换时都有音频播放。

如无需要,可以不用单击此选项。

(3)利用【动画窗格】给幻灯片添加音频

在幻灯片中选择设置动画效果的对象(如文本框、图片等),然后在【动画】选项卡中选择一种动画效果(如【飞入】)。单击功能区中的【动画窗格】,调出右侧的【动画窗格】,在"动画窗格"的动画对象列表中,单击选中的动画对象右边的下拉按钮,从中选择【效果选项】,弹出【飞入】对话框,从中设置背景音乐,如图6-3-10所示。

图6-3-9 【幻灯片切换】窗格　　图6-3-10 用【动画窗格】给幻灯片添加音频

(4)删除插入的视频、音频

方法一：打开插入视频的文件,进入插入视频的演示文稿,选中插入的视频对象(包括flash文件),按【Delete】键删除。

方法二：打开插入音频的文件,进入插入音频的演示文稿,选中代表音频的小喇叭图标,按【Delete】键删除。

3.6 设置切换效果

1)幻灯片切换

幻灯片放映时,在两页幻灯片之间增加切换效果,会使演示效果更为精彩。WPS演示自带多种图片切换效果,可对每张图片进行设置。

在普通视图【切换】选项卡中,或者在窗口右侧的【幻灯片切换】窗格中,都可以设置幻灯片的切换效果。

2）幻灯片切换设置入口

方法一：右击幻灯片编辑窗口中的空白处，执行快捷菜单中的【幻灯片切换】，打开【幻灯片切换】窗格。

方法二：在【切换】选项卡切换方式列表中选择切换效果。

3）幻灯片切换操作

（1）在动画切换类型列表里，选取所需的动画方案。

（2）单击【声音】右侧的下拉按钮，选择【来自文件】，打开【添加声音】对话框，通过浏览选取所需声音文件，单击【打开】按钮；可勾选【播放下一段声音前一直循环】选项。

（3）换片方式勾选【单击鼠标时换片】复选项，播放状态下可以实现单击鼠标切换效果。

（4）换片方式勾选【自动换片】复选框，在其后的输入框中可输入切换时间，播放状态下可实现以设定的时间自动换页。

（5）单击【排练当前页】按钮，进入播放状态，打开【预演】窗口，显示播放需要的时间，记住这个时间数字，单击【关闭】按钮。

（6）在打开的【WPS演示】询问窗口口中单击【否】按钮，关闭此窗口。单击【是】按钮则会保留排练时间。在【自动换片】复选项后的输入框中，直接输入切换时间。

（7）当演示文稿中包含多个母版时，在【幻灯片切换】窗格中会出现【应用于母版】，单击此按钮，可以将设置的幻灯片切换应用到对应的母版上。此时只要是使用该母版的幻灯片，都将应用该页设置的切换效果。

（8）若要将幻灯片切换设置应用于所有幻灯片，单击"应用于所有幻灯片"即可。

4）幻灯片切换效果取消

选中要取消切换效果的幻灯片，在【幻灯片切换】窗格的动画切换类型列表会，显示设置的动画切换类型。单击其中的【无切换】动画切换类型，即可取消本页的幻灯片切换效果；单击【应用于所有幻灯片】则取消所有幻灯片的切换效果。

3.7 设置动画效果

1）应用动画效果

添加动画的最简单方法，是使用预设的动画效果。动画效果通过简单的操作，即可应用到单页或多页幻灯片甚至全部幻灯片中，省时、省力、快捷、高效。

在【动画】选项卡上单击【动画样式】列表右下角的黑色三角形按钮，打开可选动画列表，从列表中单击选择所需的动画效果。如果在列表中没有找到合适的动画效果，可单击右方的【更多选项】按钮，随后展开的列表中可提供更多的效果。

2）应用动画窗格

（1）调出【动画窗格】

方法一：在【动画】选项卡中，单击【动画窗格】按钮。

方法二：在【幻灯片切换】窗格中，单击选中下拉菜单中的【动画窗格】命令。

方法三:在普通视图中选取要设置动画的对象右击,在快捷菜单中执行【动画窗格】命令。

(2)利用【动画窗格】中设置动画

步骤一:在普通视图中选取要添加动画效果的对象,在【动画窗格】中单击【添加效果】并选取所需操作。如图6-3-11所示。

图6-3-11 【动画窗格】中设置动画

步骤二:在普通视图中选取要添加动画效果的对象,在【动画窗格】窗格中,单击【添加效果】→【进入】→【飞入】,为选中的对象设置进入动画效果。

步骤三:单击【播放】按钮,即可预览触发的动画效果。

【强调】动画、【退出】动画、【动作路径】动画和【进入】动画效果的设置基本相同,如图6-3-12所示。

步骤四:在普通视图中选取要添加动画的对象,在【动画窗格】窗格中单击【添加效果】→【绘制自定义路径】→【自由曲线】,鼠标会变成铅笔形状。在动作路径的起点处按住鼠标左键拖动,形成一条自由曲线,释放鼠标,为选中的对象设置动作路径动画,如图6-3-13所示。

图 6-3-12　添加动画效果

a)

图　6-3-13

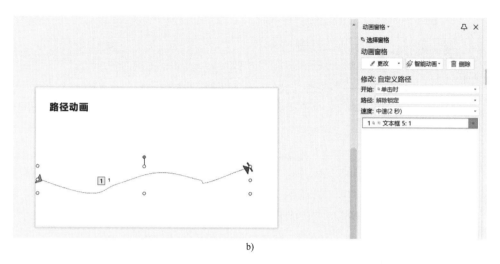

b)

图 6-3-13　添加自定义路径动画

（3）删除动画效果

在【动画窗格】窗格的动画对象列表中，选取要删除的动画序列，单击【删除】按钮或按【Delete】键。

（4）更改动画序列

方法一：在【动画窗格】窗格中，鼠标单击选取所需的动画序列，变成黑色上下方向的双箭头。拖动时显示空箭头下带小方框标志，拖至合适位置松开鼠标，此动画序列即被调整到此位置。如图 6-3-14 所示。

图 6-3-14　用鼠标拖动方法更改动画序列

方法二：在【动画窗格】窗格中，选取所需的动画序列，通过单击向上或向下的按钮调整顺序。

(5) 插入动作

方法一：利用动作按钮，设置幻灯片动作。

步骤：选取要设置动作的幻灯片，单击【插入】→【形状】命令，在下拉列表框中选取所需的动作按钮，在幻灯片编辑窗口绘制动作按钮，弹出【动作设置】对话框(图6-3-15)，在【鼠标单击】选项卡的【超链接到】单选项下的下拉列表中选择【下一张幻灯片】，单击【确定】按钮，完成单页动作设置。或者也可以单击【超链接到】后的下拉列表按钮，选取所要链接的目标，单击【确定】按钮，完成动作设置。

方法二：利用图形设置幻灯片动作。

步骤一：选取设置动作的幻灯片，单击【插入】→【形状】命令，在下拉列表框中选取所需形状工具。

步骤二：在幻灯片编辑窗口中绘制图形。

图6-3-15 【动作设置】对话框

步骤三：右击此图形，在弹出的快捷菜单中执行【动作设置】命令，弹出【动作设置】对话框，选取【鼠标单击】或者【鼠标移过】选项卡。

步骤四：选择所需动作【超链接到】单选项，单击【超链接到】后的下拉列表按钮，选取所要链接的目标，单击【确定】按钮，完成单页动作设置。

方法三：利用幻灯片母版添加动作。

步骤一：单击【视图】→【幻灯片母版】，选择需要添加动作的幻灯片版式。

步骤二：在幻灯片版式中，绘制图形。

后续步骤和以上方法相同。

如果使用单个幻灯片母版，母版插入动作在所有演示文稿有效。

如果用多个幻灯片母版，则必须在每个母版上添加动作。

操作完成后单击【关闭】按钮，实现幻灯片中添加动作。

(6) 插入超链接

在 WPS 演示中，超链接是指从某张幻灯片跳转到其他幻灯片、网页或文件等对象的链接，是幻灯片交互的重要手段。

步骤一：选取需要设置超链接的文本或对象，单击【插入】选项卡。

步骤二：单击功能区中的【超链接】按钮，或者右击选择【超链接】命令，还可以使用组合键〈ctrl + K〉，打开【插入超链接】对话框，在此页面中可执行以下操作：

操作一：单击【原有文件或网页】，选取所要链接的文件或网页，也可用键盘输入所要链接的文件或网页地址。

操作二：在对话框中的【链接到】下方，单击【本文档中的位置】，从列表中选取要链接的幻灯片页或预设的【自定义放映】。超链接到【自定义放映】时，勾选【幻灯片预览】下的【显示并返回】复选框。

操作三：单击【电子邮件地址】，在【电子邮件地址】框中输入所需的电子邮件地址，或者在【最近使用过的电子邮件地址】框中选取所需的电子邮件地址,在【主题】框中键入电子邮件消息的主题。

步骤三:单击【屏幕提示】按钮,会弹出【设置超链接屏幕提示】,输入提示文字,单击【确定】按钮,回到【插入超链接】窗口,单击【确定】按钮。设置屏幕提示是为了在播放幻灯片时能准确分清超链接对象,当鼠标指向设置超链接的对象时,会显示提示内容。

提示:鼠标右击所要删除的超链接的文本或对象,在右键菜单上选取【取消超链接】,即可顺利取消,选取【编辑超链接】即可重新设置超链接;按【Delete】键则可删除超链接及代表该超链接的文本或对象。

(7)动画增强效果

单击【动画窗格】窗格底部的【播放】按钮,播放本页幻灯片,动画执行到此时,声音会自动播放。单击【动画】→【动画窗格】,打开【动画窗格】,在双击添加的动画项,打开【菱形】对话框(对话框的名称由添加的动画效果而定,此处选择的是添加菱形的动作路径),如图 6-3-16 所示。

图 6-3-16 【菱形】对话框的【计时】选项卡

操作一:在其【计时】选项卡中可以进行如下设置:

开始:在【开始】列表中有【之前】【之后】和【单击时】三种开始方式可选。【单击时】是指以单击幻灯片的方式启动动画,【之前】是指在启动列表中前一动画之前启动动画,【之后】是指在播放完列表中前一动画之后立即启动动画。

延迟:单位为秒,数值可输入可选择,默认为五种切换时间。

重复:可设置动画播放次数,数值可通过下拉列表选择,也可以自定义输入重复次数。

触发器:单击【触发器】按钮,会出现两个选项。一是【部分单击序列动画】,该选项为【触发器】默认设置,可以实现自动播放动画;二是【单击下列对象时启动动画】。

操作二:在【效果】选项卡中可以进行如下设置:

以菱形进入动画为例,可在【效果】选项卡设置【方向】为【内】或者【外】,见图 6-3-17。

【增强】区中可设置是否添加声音,既可以选系统预设的声音,也可以添加自己制作的声音,单击声音图标可以设置声音的音量或选择静音模式。

图 6-3-17 【菱形】对话框的【效果】选项卡

【动画播放后】选项可以改变颜色或隐藏设置。

【动画文本】选项可以设置进入方式为【按字母】或【整批发送】。【按字母】进入方式还可设置之间进入延迟时间,见图 6-3-18。

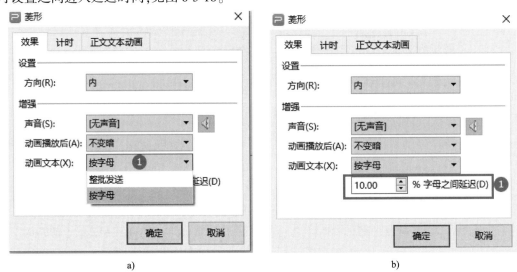

a)   b)

图 6-3-18 【按字母】进入方式设置

任务4 输出演示文稿

学习目标

掌握演示文稿的播放与打印。

演示文稿制作完成后,需要将制作的成果展示出来,输出的方式有播放、打包、打印等。

4.1 放映演示文稿

1)放映演示文稿

在【放映】选项卡中,可设置幻灯片的放映方式。

(1)从头开始放映

方法一:单击【放映】选项卡,如图 6-4-1 所示,单击功能区中的【从头开始】按钮。

图 6-4-1 【放映】选项卡

方法二:按【F5】键。

(2)从当前幻灯片开始放映

首先选定当前演示页,通过以下方法实现从当前页播放演示文稿。

方法一:单击【放映】选项卡,单击功能区中的【当页开始】按钮。

方法二:按组合键〈Shift + F5〉。

方法三:单击视图,切换工具栏中的播放命令按钮。

(3)播放控制

①切换到下一页

方法一:在幻灯片处于手动放映的情况下,利用左键单击或按【Space】键、【N】键、【→】键、【↓】键、【Enter】键及【PageDown】键,都可以进入下一个播放页。

方法二:鼠标右键单击播放页面,执行快捷菜单中的【下一页】命令。

②切换到上一页

方法一:在幻灯片处于手动放映的情况下,利用【Backspace】键、【P】键、【←】键、【↑】键及【PageUp】键,都可以进入上一个播放页。

方法二:鼠标右键单击播放页面,执行快捷菜单中的【上一页】命令。

③切换到某一页

键入要切换的幻灯片编号后,按【Enter】键即可。

④返回首页

方法一:按键盘上的数字【1】键,然后按【Enter】键,就会切换到第一页。

方法二:按键盘上的【Home】键,就会切换到第一页。

方法三:鼠标右键单击播放页,执行快捷菜单中的【第一页】命令。

⑤切换到结束页

方法一:如演示文稿的总页数为 10 页,按键盘上的数字【10】键,然后按【Enter】键,就会切换到结束页。

方法二:按键盘上的【End】键,就会切换到结束页。

方法三:鼠标右键单击播放页面,执行快捷菜单中的【最后一页】命令。

⑥幻灯片定位

鼠标右键单击播放页面,执行快捷菜单中的【定位】命令,在其级联菜单中有五个可选项:幻灯片漫游、按标题、以前查看过的、回退、自定义放映,如图6-4-2所示。

- 幻灯片漫游

鼠标右键单击播放页面,执行快捷菜单中的【定位】命令,在其级联菜单中选择【幻灯片漫游】命令。打开【幻灯片漫游】对话框,拖动右侧的滚动条,可以找到要定位到的幻灯片,选中后单击【定位至】按钮,即可将幻灯片定位到该页,如图6-4-3所示。

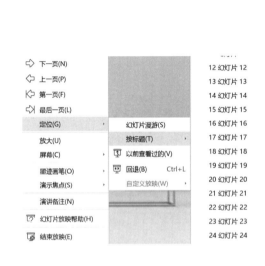
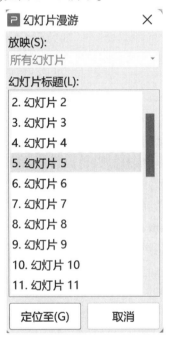

图6-4-2　播放控制快捷菜单及其级联菜单　　图6-4-3　【幻灯片漫游】对话框

- 按标题

鼠标右键单击播放页面,执行快捷菜单中的【定位】命令,在其级联菜单中选择【按标题】命令,选中要切换的幻灯片如【幻灯片5】,即可切换到幻灯片5的播放页面。

- 以前查看过

鼠标右键单击播放页面,执行快捷菜单中的【定位】命令,在其级联菜单中选择【以前查看过】命令,幻灯片即可切换到刚切换前的幻灯片播放页面。一直使用【以前查看过】命令,幻灯片可以后退到放映开始时的页面。

- 回退

鼠标右键单击播放页面,执行快捷菜单中的【定位】命令,在其级联菜单中选择【回退】命令,幻灯片即可切换到刚切换前的幻灯片播放页面。

• 切换到自定义放映

鼠标右键单击播放页面,执行快捷菜单中的【定位】命令,在其级联菜单中选择【自定义放映】命令,再选择【自定义放映1】,幻灯片即可切换到【自定义放映1】幻灯片播放页面,播放结束后会自动退出播放页面。

⑦使用放大镜

在幻灯片放映过程中,鼠标右键单击播放页面,执行快捷菜单中的【使用放大镜】命令,可以缩小或放大演示文稿。通常有以下几种操作方法:

方法一:按【Ctrl】键+鼠标滚轮。

按住【Ctrl】键,滚动鼠标滚轮,向上滚动鼠标滚轮可使幻灯片逐渐放大,反之则可使幻灯片逐渐缩小。

方法二:按【Ctrl】键+【↑】键或【↓】键。

按住【Ctrl】键,按【↑】键可使幻灯片逐渐放大,按【↓】键则可使幻灯片逐渐缩小。

方法三:按住鼠标右键拖动。

按住鼠标右键,向左拖动可缩小幻灯片,向右拖动可放大幻灯片。若要停止缩放,可单击鼠标左键或右键。

⑧演讲者备注

备注是为演讲者提示讲解的内容,在播放时使用演讲者视图的方式,别人只能看到全屏播放的幻灯片,用户却可以在计算机显示屏上看到带有备注提示的内容。演讲者备注可使演示更简单,也可以专门打印备注页,便于用户熟悉演示的内容。

添加备注的方法有三种:

方法一:在编辑状态单击备注栏,通过键盘输入需要添加的文字。

方法二:在编辑状态单击【幻灯片放映】选项卡中的【演讲者备注】按钮,在打开的【演讲者备注】窗口中添加备注。

方法三:在播放状态下,鼠标右键单击播放页面,在快捷菜单中单击【演讲者备注】命令,在打开的【演讲者备注】窗口可显示已添加的备注,也可通过键盘输入需要添加的文字。

以上三种方法都可以直接粘贴来自其他文档的文字。添加的内容效果相同,回到备注栏,或者再次播放时调出【演讲者备注】窗口,都可以看到添加文字。

删除和添加都可在编辑或播放状态下进行,选中备注文字按【Delete】键,即可删除此部分备注。

⑨屏幕

在播放状态下鼠标右键单击播放页面,在快捷菜单中单击【屏幕】命令,单击【黑屏】或按键盘上的【B】键,播放屏幕会变成黑屏;再次按键盘上的任意键或鼠标单击,都可以回到播放页面。单击【白屏】或按键盘上的【W】键,播放屏幕变成白屏;再次按键盘上任意键或鼠标单击,都可以回到播放页面。

⑩演示焦点

在播放状态下,鼠标右键单击播放页面,在快捷菜单中单击【演示焦点】命令,其级联菜单中的选项,如图 6-4-4 所示。

⑪结束放映

方法一:在播放状态下,鼠标右键单击播放页面,在快捷菜单中单击【结束放映】命令。

方法二:按键盘上的【Esc】键。

⑫快捷菜单的调出

方法一:在播放状态下,鼠标右键单击播放页面。

方法二:按组合键〈Shift + F10〉。

⑬幻灯片放映帮助

在播放状态下,鼠标右键单击播放页面或按组合键〈Shift + F10〉,在快捷菜单中单击【幻灯片放映帮助】命令,弹出如图 6-4-5 所示的【幻灯片放映帮助】窗口。

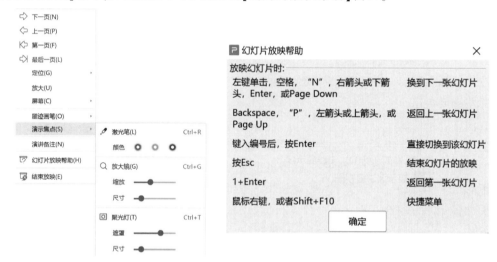

图 6-4-4　播放控制菜单【演示焦点】及其级联菜单　　图 6-4-5　【幻灯片放映帮助】窗口

⑭右键操作

幻灯片放映的大部分操作,都可以通过鼠标右键实现,效果和使用快捷键相同。但是在操作过程中容易弹出窗口,破坏演示文稿播放的连贯性。建议在演示文稿播放过程中尽量少使用右键操作,多使用组合键或快捷键。

⑮隐藏幻灯片

如果在演示文稿播放中不需要放映某幻灯片,用户可以将其隐藏。

方法一:在普通视图中操作。

步骤一:在普通视图的【幻灯片】选项卡上,选取要隐藏的幻灯片。

步骤二:执行【放映】→【隐藏幻灯片】命令即可;或单击鼠标右键,从弹出的快捷菜单中选择【隐藏幻灯片】命令。

步骤三:在隐藏的幻灯片旁边,代表幻灯片编号的数字上出现带反斜杠的方框标记,即为隐藏幻灯片的图标。这是为了在演示中不播放这部分幻灯片,暂时将其隐藏而不是删除,这部分幻灯片仍然保留在文件中。

方法二:在幻灯片浏览视图中操作。

在幻灯片浏览视图中选取要隐藏的幻灯片,其余步骤同以上步骤二、步骤三。

提示:取消隐藏幻灯片和隐藏幻灯片步骤相同。

2)设置放映方式

在"放映"选项卡的【设置】组中,单击【设置幻灯片放映】命令,弹出如图 6-4-6 所示的【设置放映方式】对话框。

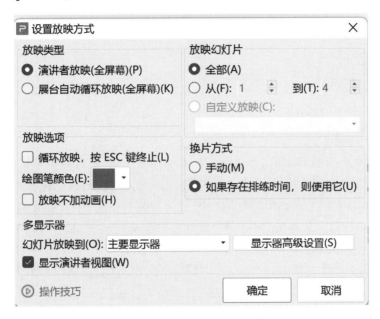

图 6-4-6 【设置放映方式】对话框

(1)放映类型

【放映类型】有【演讲者放映(全屏幕)】和【展台自动循环放映(全屏幕)】。前者支持鼠标操作,后者则不支持。若需停止播放退出,只能按键盘中的【Esc】键。

(2)放映幻灯片

选择【全部】或【从(F)到(T)】,确定范围。如果选【自定义放映】设置,可通过勾选确定。

(3)放映选项

勾选【循环放映,按 Esc 键终止】复选框,可决定是否循环放映。在【演讲者放映(全屏幕)】类型中,可选择绘图笔的颜色;在【展台自动循环放映(全屏幕)】类型中,绘图笔的颜色为不可选状态,如图 6-4-7 所示。

(4)换片方式

可选择【手动】或【如果存在排练时间,则使用它】。

3)设置自定义放映

(1)设置自定义放映

步骤一:依次单击【放映】→【自定义放映】命令,打开【自定义放映】对话框,单击【新建】命令,打开【定义自定义放映】对话框,如图 6-4-8 所示。

图 6-4-7 在展台自动循环放映(全屏幕)类型中的【设置放映方式】对话框

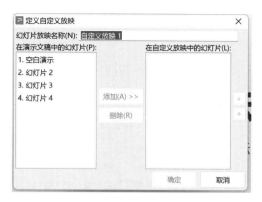

图 6-4-8 【定义自定义放映】对话框

步骤二:在【幻灯片放映名称】后的输入框中可输入名称,也可使用默认名称即【自定义放映1】;再次建立自定义放映时,默认名称为【自定义放映2】,名称中数字依次增加。

步骤三:在左侧【在演示文稿中的幻灯片】的下拉列表中,选中需要放映的幻灯片,单击【添加】按钮,可以将需要放映的幻灯片添加到【在自定义放映中的幻灯片】列表中。如需删除右侧的幻灯片,选中后再单击【删除】按钮。

步骤四:如需调整右侧的自定义放映幻灯片顺序,则选中该幻灯片,单击向上或向下箭头按钮即可。设置完毕单击【确定】按钮,回到【自定义放映】对话框。

提示:

选中其中的【自定义放映1】,可进行以下设置:

单击【编辑】按钮,打开【定义自定义放映】对话框,可以进行自定义放映设置。

单击【删除】按钮,可以删除【自定义放映1】。

单击【复制】按钮,可以复制出另一个设置好的【自定义放映1】,显示名称为【(复件)自定义放映1】。

步骤五:单击【放映】按钮,将播放选中的自定义放映内容。单击【关闭】按钮,可退出自定义放映设置。

(2)播放自定义放映

方法一:在播放幻灯片过程中单击右键,在快捷菜单中依次单击【定义】→【自定义放映】→【自定义放映1】命令。

方法二:在【幻灯片放映】选项卡的【设置】组中单击【设置幻灯片放映】命令,弹出【设置放映方式】对话框,勾选【自定义放映】中的【自定义放映1】,单击【确定】按钮,按【F5】键播放即可。

按【Esc】键结束放映。

(3)自定义放映的应用

打开演示文稿,利用添加好的两个自定义放映进行设置。

步骤一：依次单击【插入】→【形状】→【菱形】绘图工具，按住【Shift】键，同时拖拽出一个菱形，通过拖动确定位置并调节大小，随后鼠标单击选中并按住【Ctrl】键，拖动一个新的同样大小的菱形。

步骤二：右键单击第一个菱形，执行跨界菜单中的【编辑文字】命令，键盘输入文字【内容一】；右键单击第二个菱形，执行快捷菜单中的【添加文字】命令，键盘输入文字【内容二】。

步骤三：右键单击第一个菱形，执行快捷菜单中的【动作设置】命令，打开【动作设置】对话框，如图 6-4-9 所示。

步骤四：在【动作设置】对话框中选中【单击鼠标】标签，选中【超链接到】选项，点击【下一张幻灯片】的下拉按钮。在下拉列表中选中【自定义放映】项，打开【链接到自定义放映】对话框，选中【自定义放映 1】项，勾选复选框选项【放映后返回】，单击【确定】按钮。返回【动作设置】对话框，单击【确定】按钮，完成第一个菱形动作设置。

步骤五：以同样的操作完成第二个菱形动作设置。

步骤六：单击【幻灯片放映】选项卡，单击【开始放映幻灯片】功能组中的【从当前幻灯片开始】按钮，在播放页面单击带有链接标志的第一个菱形，进入【自定义放映 1】播放状态，依次播放完成，自动回到第一个带有两个菱形的页面。

步骤七：单击带有链接标志的第二个菱形，进入【自定义放映 2】播放状态，依次播放完成，自动回到第一个带有两个菱形的页面。

图 6-4-9 【动作设置】与【链接到自定义放映】对话框

利用自定义放映，可以使演示的交互性更好、更为人性化。

4.2 打包演示文稿

1）将演示文稿打包成文件夹

步骤一：单击【文件】菜单按钮，在弹出的下拉菜单中执行【文件打包】命令，鼠标移至【将演示文稿打包成文件夹】命令，在级联菜单中执行"演示文件打包"命令。

提示：若文件未保存，会提示【文件未保存，请先保存文件，然后重新进行打包操作】。单击【确定】按钮，打开【另存为】对话框，浏览找到合适的位置，并为文件命名，单击【保存】命令，再重新进行打包操作。

步骤二：在打开的【演示文件打包】对话框中，浏览找到合适的位置保存打包文件夹，并勾选【同时打包成一个压缩文件】选项，单击【确定】按钮。

步骤三：弹出【已完成打包】对话框，提示【文件打包已完成，你可以进行其他操作】，有【打开文件夹】和【关闭】两个按钮可供执行。如单击【打开文件夹】按钮，可打开打包的文件夹，其中会出现打包的演示文稿和插入的音频、视频文件。

提示：打包的好处是避免因为插入的音频、视频的位置发生变化而导致无法播放，也便于演示文稿的重新编辑。

2）将演示文稿打包成压缩文件

该操作和打包成文件夹的操作基本相同，区别在于前者是将演示文稿和插入的音频、视频文件打包成一个压缩文件。在打包成文件夹的操作中，如勾选了【同时打包成一个压缩文件】，就会同时将文件打包成一个文件夹和一个压缩文件。

4.3 打印演示文稿

1）打印预览

单击【文件】菜单按钮，单击列表中的【打印预览】命令，【打印预览】选项卡（图6-4-10）中列出如下可以操作的选项。

图6-4-10 【打印预览】选项卡

（1）打印内容选项

单击【打印内容】下拉按钮，选择下拉菜单中的命令，可打印幻灯片、讲义、备注页或大纲。

（2）缩放比例

可以直接输入数值设置比例，也可以单击右侧的下拉按钮选择预设的比例，方便查看页面。

（3）设置功能键

①设置页面的横向或纵向打印。

②设置打印隐藏的幻灯片。

③设置给幻灯片加框打印。

④设置幻灯片打印时的页眉页脚内容。

⑤设置打印的颜色为纯黑色或彩色打印模式。

⑥设置幻灯片打印顺序为水平或垂直模式。

（4）关闭按钮

单击【关闭】按钮关闭幻灯片预览窗口，返回幻灯片普通视图模式。

2）打印

单击【打印】下拉按钮，执行下拉菜单中的【打印】或【直接打印】命令，可以打印指定幻灯片或全部幻灯片，默认情况下幻灯片每页打印一张。【打印】对话框如图6-4-11所示。

（1）打印机设置

在【打印】对话框中可进行打印机设置，包括设置【手动双面打印】【反片打印】【打印到文件】以及纸张来源。

（2）打印范围

设置打印页面范围，既可以选取打印全部幻灯片、当前幻灯片、选定幻灯片以及自定义放映中设置的幻灯片，也可以直接利用键盘输入打印幻灯片范围。

其中讲义部分可设置每页的幻灯片张数可以选择，执行水平或垂直顺序，以及执行是否加框和打印隐藏的幻灯片。

图 6-4-11 【打印】对话框

（3）打印内容

可选取打印幻灯片、备注、大纲或讲义。在选取完成打印备注或讲义后，可以调整每页纸中打印幻灯片的张数，还可以设置打印的颜色为纯黑色或彩色打印模式。

（4）打印份数

通过输入数字或单击下拉按钮确定打印份数，可以选择是否逐份打印。

（5）打印预览

单击【预览】按钮可以查看打印效果。

经过以上内容的设置后，单击【确定】按钮就可执行打印命令。

本模块习题

打开 WPS 演示文稿素材文件 sc.dps，按下列要求完成对文档的修改并保存：

（1）将第一张幻灯片文本的动画效果自定义为"进入/向内溶解"；将第二张幻灯片版式改为"垂直排列标题与文本"；在演示文稿的开始处插入一张幻灯片，版式设置为"标题幻灯片"，作为文稿的第一张幻灯片；幻灯片标题键入"诺贝尔文学奖获得者——莫言"，设置为：仿宋、加粗、54 磅。

（2）使用设计模板中的"science and technology preach"模板修饰全文；全部幻灯片的切换效果设置为"向下擦除"。

（3）将素材文件夹下的"诺贝尔颁奖.png"插入第四张幻灯片中，并设置图片尺寸"高度 10 厘米""锁定纵横比"，图片位置为"水平 18.5 厘米""垂直 8.5 厘米"。